Josef Hirschfeld

Die Uterusdouche

Ihre Anwendung in der gynäkologischen und geburtshilflichen Praxis

Josef Hirschfeld

Die Uterusdouche
Ihre Anwendung in der gynäkologischen und geburtshilflichen Praxis

ISBN/EAN: 9783743652118

Hergestellt in Europa, USA, Kanada, Australien, Japan

Cover: Foto ©berggeist007 / pixelio.de

Weitere Bücher finden Sie auf **www.hansebooks.com**

Die

Uterusdouche.

Ihre Anwendung

in der

gynäkologischen und geburtshilflichen Praxis.

Von

Dr. Josef Hirschfeld,

Magister der Geburtshilfe, ord. Mitglied der med Facultäten von Wien und
Prag, correspond. Mitglied der Gesellschaft deutscher Aerzte in Paris, der
Société d' Hydrologie Medicale de Paris, und der k. k. geologischen Reichs-
anstalt in Wien, von der h. k. k. Statthalterei best. Badearzt in Pyrawarth.

Erlangen.

Verlag von Ferdinand Enke.

1866.

Druck von Junge & Sohn in Erlangen.

Meinem theuern Bruder

Dr. J. H. Hirschfeld

in

Augsburg.

———

Wenn ich Deinen Namen an die Spitze eines Büchleins setze, dessen Inhalt so weit abliegt von den wissenschaftlichen Forschungen, denen Du nach Beruf und Neigung obliegst, so muss ich für die Widmung dieser kleinen Arbeit auf eine gleichgültige Entgegennahme, für mich vielleicht auf eine ernste Rüge oder wohl gar eine aufwallende Aeusserung des Unwillens gefasst sein. — Ich bin auch darauf gefasst und tröste mich mit dem geistreichen Spruch Jean Paul's, welcher sagt: Wenn dein Bruder dir zürnt, gib ihm Gelegenheit dir einen grossen Dienst zu erweisen . . . . .

Zürnst Du mir, dann wirst Du, wie ich Dein Herz kenne, mit doppelter Liebe diese Widmung annehmen und sollte dieses bescheidene Werkchen im Kreise der Fachmänner, für die es geschrieben, Anklang finden, so hat es einen doppelten Zweck erreicht, es hat das grosse Buch der medizinischen Wissenschaft um ein Blättchen bereichert und hat mir — den theuern Bruder wieder versöhnt.

Wien im Mai 1866.

Dr. Jos. Hirschfeld.

Die Behandlung durch Wasser, sowohl die Hydro- als die Balneotherapie, haben seit einigen Dezennien nicht allein einen grossen Aufschwung genommen, sie haben auch, was wir weit höher anschlagen, in Bezug auf wissenschaftliche Würdigung ungemein an Bedeutung gewonnen. Es konnte daher nach einem natürlichen Gange der Dinge nicht fehlen, dass auch die Gynäcologen bei der Behandlung der verschiedenen Affectionen der weiblichen Sexualsphäre sich des Wassers als eines vortrefflichen therapeutischen Agens häufig und gerne bedienen. Auf unseren gynäcologischen Kliniken und Abtheilungen sehen wir die einfachen und die medicamentösen Injectionen (Uterus-Douche) in ihren verschiedenen Modificationen täglich anwenden. Auch der Praktiker in der Privatpraxis kann diesen therapeutischen Behelf unmöglich mehr entbehren. Es liegt in der Natur der Dinge, dass bei der grösseren Verbreitung einer Curmethode auch die entsprechenden Instrumente und Apparate den Bedürfnissen entsprechende Modificationen erfahren. Wirklich haben auch die Uterusdouche-Apparate im Laufe des letzten Decenniums vielfache Veränderungen und Verbesserungen erfahren und ist deren Zahl über zwei Dutzende angewachsen.

Neben den schönen Erfolgen, die wir mitunter dieser oder jener Heilmethode zu verdanken haben, müssen wir leider auch viele Misserfolge registriren. Es gilt diess ebenso von der Uterusdouche. Der günstige Erfolg scheitert mitunter an der nicht ganz zweckentsprechenden Anwendung, mitunter an der Unzweckmässigkeit oder an einer nicht ganz gelungenen Wahl der Apparate. Aehnliche Erfahrungen sind es, welche uns zur Publication der folgenden Schrift veranlassen. Wir haben uns vorgesetzt, in den folgenden Blättern die Uterusdouche mit Rücksicht auf

2

ihre physiologische und therapeutische Wirksamkeit zu würdigen, alle die bis jetzt bekannt gewordenen Uterusdouchen zu beschreiben, sie bezüglich ihrer mehr oder weniger zweckmässigen Construction kritisch zu beleuchten.

Geschichte.

Allgemein hält man dafür, dass Antonio Cocchi 1747 zuerst der Douche (Duccia) in seiner Schrift: Dell' uso esterno dell' aqua fredda presso gli antichi; Firenze 1747 erwähnt[1]). Doch begegnen wir schon viel früher dieser Benennung.

Duccia (welche Benennung in die meisten europäischen Sprachen übergegangen ist), ist ein altes italienisches Wort und bedeutet ursprünglich eine Röhre zum Wasserleiten, in welchem Sinne es schon bei Dante (1303, 1320) in seiner Divina Comedia vorkommt[2]). Cocchi verräth selbst, dass er von der Wirksamkeit der Duccia keine hohe Meinung gehabt habe, indem er sagt: Il modo d'usare quest' aque è diverso per cinque differenze, cioè di bevanda, di lavanda, di docciatura, d'injezione e di stufa. Alcuni senza buona ragione scelgono talora di questi cinque modi i meno universali e meno efficaci, come la docciatura, l'injezione o la stufa e tralasciano l'immersione e le bevute, delle quali è molto più grande l'operazione e la forza[3]).

Michael Savonarola[4]) (1430) gebrauchte das Wort duccia, ohne dasselbe irgendwie näher zu erklären, woraus zu schliessen ist, dass dieser Ausdruck in jener Zeit bereits allgemein geläufig sein musste. Häufig gebraucht schon Menghus Blanchellus[5]) (1441) das Wort duccia. „Distinguendum est, sagt er, de aquis mineralibus, quia aliquae sunt magis aptae ad duciandum caput, et aliquae magis aptae ad balneandum corpus, et aliquae magis aptae ad potandum .... ubi est distemperantia, ibi debet applicari duccia." Er setzt sogar die Regeln

---

1) Dei bagni di Pisa l. c. Cap. V. pag. 330.
2) Diese Stelle lautet: Lor corso in questa valle si diraccia fanno Acheronte, Stige e Flagetonta. Soi sen' va giù per questa stretta doccia. Die göttliche Comedia des Dante Gesang XIV. Hölle Vers 115.
3) Dei bagni di Pisa l. c. Cap. V. pag. 333.
4) De balneis quae exstant l. c. pag. 33.
5) Collect. de balneis l c. pag. 63.

über den Gebrauch der Douche auseinander und vergleicht dieselbe an Heilquellen mit der künstlichen aus arzneilichen Gemischen bereiteten also: „Ducia artificialis maxime fit ex rebus calidis siccis seu bullitis in aqua respicientibus caput . , . ponitur loco balnei naturalis tempore necessitatis quando indigemus illo et non possumus habere illud, quia est simile in operationibus et virtutibus non tamen ita efficax est imo in aegritudinibus fortibus et fixis non valet [1]). Vom höchsten Interesse ist es, dass schon Christian Barzizius 1450 die aufsteigende Douche in Krankheiten der Gebärmutter in Anwendung bringt. Lavari aqua frigida (post balneum calidum) confortat calorem naturalem et pellit ad interiora ut fortior ingrediatur. . . . . Si fiunt balnea cum embroto sit canna longa, quae imponatur usque ad medium collum matricis. Balnea encathismata vero matricis similiter fiunt [2]).

Geisler 1458 führt von der Genesung Pius II. (Aeneas Sylvius) vermittelst der Douche folgendes an: „Pius II. P. M. de se ipso scripsit sibi consilio medicorum cum cerebrum nimis humidum esset, aquas (calidas) per fistulam ductas in verticem capitis fuisse derivatas [3]).

Dass in den Bädern von Lucca die Douche schon 1486 gebraucht wurde, berichtet Bendinellus: Sunt multae cannulae ordinatae, sagt er, sub una quaque quarum homines se possunt duciare [4]).

Gratarolus [5]) 1510 rühmt die Douche in den Rhätischen Bädern gegen Flüsse und locale Schwäche.

Doch scheint, als ob die aufsteigende Douche in jener Zeit ein Arcanum geblieben wäre. War doch die Behandlung der Frauenkrankheiten in jener Zeit, wie noch heute bei manchen Völkern des Orients, stets mit einem geheimnissvollen Schleier umhüllt. Gesellschaftliche Sitte und Geist der Zeit gestatteten es selbst den erleuchtetsten Männern nicht die Krankheiten der weiblichen Sexualorgane nach gewonnenen Erfahrungen und Einsichten zu behandeln; war es doch dem Arzte damals,

---

1) Collect. de balneis l. c. pag. 81.
2) De balneis quae exstant l. c. pag. 225.
3) Platneri opuscula i. c. pag. 227.
4) De balneis quae exstant l. c. pag. 146.
5) De balneis quae exstant l. c. pag. 192.

4

wie leider häufig genug noch heutzutage, nur in den seltensten
Fällen gestattet, die afficirten Partien jener verborgenen Kör-
pertheile unmittelbar zu befühlen oder in Augenschein zu nehmen. Diess scheint auch der Grund, warum die Uterusdouche
im Laufe der Zeit wiederholt in Vergessenheit gerieth, um nach
längeren oder kürzeren Zwischenräumen wieder aufzutauchen.

Conrad Gessner (1530) sagt von den Schwefelthermen
in Baden in der Schweiz, dass die natürlich aufsteigende Douche
daselbst von Frauen häufig benutzt werde: Praecipue vero mu-
lieribus, erzählt er, quae propter aliquem uteri affectum balneis
utuntur in crateribus balneare utile est, et viris et quibus pedes
aut aliae partes inferiores a pedibus ad umbilicum usque affec-
tae sunt[1]).

Grosse Wirkungen muthet Falopia (1523 — 1562) der
Douche zu: Utebantur antiqui aquis medicatis per duciam id
est per stillicidium id est per embrocham, et modus iste est,
quando rivulis salientis aquae, vel arte vel natura ita construc-
tis subjiciebatur corpus, vel corporis pars aliqua, in quo usu
maxima vis est medicamentosa, quia ratione illius motus
imprimitur vis medicamenti .... Frequentissimus usus iste est
apud nos, et frequentior quam in ante acta aetate, quando vige-
bat Sauonarola, et reliqui illius aetatis[2]).

Merkwürdig ist es, dass diesen grossen Gelehrten der Gebrauch der aufsteigenden also in eine Körperhöhle führenden
Douche nicht bekannt war, was daraus zu ersehen ist, dass er
die Theile des Körpers, welche sich zur Anwendung der Douche
eignen, folgendermassen nach Galen angibt: Partes (ait Gale-
nus) quae recipiunt juvamentum a stillicidio, sunt illae omnes,
quae aptae sunt, ut supra ipsas cadat aqua, sed praecipue caput et partes nervosae et articuli. Possumus tamen hepar, ven-
triculum et alias partes stillicidio subjicere[3]).

Von 1560 angefangen wird die Anwendung der Douche im
Allgemeinen, also auch der Uterusdouche in der medizinischen
Praxis immer seltener. Es ist unzweifelhaft, dass dieselbe ge-
kannt war, aber ihre Anwendung gehört zu den Seltenheiten.

Der neuesten Zeit war es vorbehalten, den Gebrauch der

---

1) De balneis quae exstant pag. 292.
2) Opera omnia. Francof. 1584 caput X. pag. 256 de therm. aquis.
3) Opera omnia. Francof. 1584 caput XIII. pag. 279.

vortrefflichen Uterusdouche bei den verschiedenen Affectionen
des Uterus zu verallgemeinern. Der Umschwung in der Bear-
beitung der Balneo- und Hydrotherapie war es, der diese allgemeine Anwendung vorbereitete und vermittelte.

Im 18. Jahrhundert war bekanntlich die Wärme das abso-
lute Heilmittel. Man wollte alle Krankheiten herausschwitzen
lassen. Auf diesen Grundsatz basirend, wurden alle Luftströ-
mungen sorgfältig ferne gehalten. Die niedrig gebauten Zim-
mer, mit einer stark erwärmten überhitzten Atmosphäre ge-
schwängert, eine grosse Last von Federbetten auf den Patienten
gelegt, damit er alles Kranke „herausschwitze". Die Anwendung einer kalten Douche musste folgerichtig so verpönt sein,
dass der Arzt, der es gewagt hätte, sie in Vorschlag zu bringen,
sich zu seinem grossen eigenen Schaden und Nachtheil in Wi-
derspruch mit den herrschenden Anschauungen der Zeit, die bekanntlich in der Medizin eine grosse Rolle spielen, gebracht
hätte. Die Anwendung der warmen Douche, namentlich bei
Frauenkrankheiten, kam in dieser Zeit gleichfalls selten vor.
Man hielt die Douche mehr für eine gefährliche Neuerung als
für ein zweckmässiges Heilverfahren. Erst im Jahre 1825, also
um jene Zeit, da man sich auch in den socialen Verhältnissen
von der althergebrachten Gewohnheit zu emancipiren begann,
und auch die Wärme nicht mehr als absolut unfehlbares Princip
der Therapie betrachtet wurde; als man sich mehr einer objec-
tiven Betrachtung der Natur hingab, den natürlichen physiologischen und den diätetischen Einflüssen, Licht, Luft, freie Bewegung, Nahrung etc. Rechnung trug, ward die Douche wieder aus
der Vergessenheit gezogen und häufig in Anwendung gebracht.
Die bis dahin bestandenen Vorurtheile gegen kalte Bäder waren
gleichzeitig geschwunden.

Die ersten Versuche mit der aufsteigenden Douche machte
ein französischer Arzt Namens Dupuy 1825. In Hufeland's
Journal 63. Band 1826 St. 1. pag. 139 finden wir von der Douche
ascendante des Herrn Dupuy folgendes Bild. „Es wurde ein
3 — 4 Hektoliter (70½ Maass) fassendes Behältniss 20—23' hoch
über der Erde aufgestellt, von dessen Boden eine bleierne Röhre
in einen Keller geleitet war, daselbst gekrümmt wieder aufstieg
und mit ihrer oberen als eine in eine Spitze endende Oeffnung
in einen Nachtstuhl führte, wo sie durch einen in der Krümmung
angebrachten Hahn nach Willkühr geöffnet und geschlossen wer-

den konnte. War alles eingerichtet, dann setzte sich der Kranke auf den Nachtstuhl und brachte eine an die Bleiröhre angebrachte Canüle in den Mastdarm. Nun öffnete man den Hahn. Das Wasser drang mit Gewalt in die dicken Gedärme und ward so ein mächtiges Auflösemittel veralteter Anschoppungen. Eine Dame, welche an Hämorrhoidalknoten litt, die so schmerzhaft waren, dass trotz aller angewandten Mittel die Patientin nicht einmal ihr Lager verlassen konnte, will Dupuy auf diese Weise von ihrem Leiden befreit haben. Ebenso, erzählt er, stellte er einen an derselben Krankheit leidenden Engländer durch den Gebrauch seiner Douche in wenigen Stunden (!) her. Nach den vielen glücklichen Curen, welche Dupuy veröffentlichte, hätte man glauben sollen, es werde sein ingeniöser Apparat allgemeine Verbreitung finden. Dem war jedoch nicht so. Die plumpe Unbeholfenheit des Apparates, seine Gefährlichkeit in der Anwendung, sobald man nur geringe Cautelen ausser Acht liess, mussten nothwendiger Weise von dessen Gebrauch abschrecken und so originell auch die Idee Dupuy's war, das Verdienst einer allgemeinen Verbreitung der aufsteigenden Douche kann ihm nicht zugeschrieben werden.

Wir wollen hier auch einer früheren Erfahrung Kortum's über die Wirksamkeit der Aachner Douche ascendante bei anfangendem Scirrhus uteri [1]) Erwähnung thun, die er in Hufeland's Journal 63. Band St. 1. pag. 134 bekannt macht; es wurde nämlich schon von Sedillot in Paris 1813 einer Dame, die an diesem Uebel litt, die Anwendung dieser Methode empfohlen. Die Douche sollte so warm, so häufig und jedesmal so lange als möglich in die Genitalien, gerade gegen die Verhärtung gerichtet werden, als die Kranke sie nur immer vertrüge. Die Frau liess sich keine Mühe verdriessen, Stunden lang sass sie, den Strahl des warmen Wassers unmittelbar auf den leidenden Theil empfangend und vertrug diess überrachend gut. Nach einigen Wochen hatte die Härte abgenommen und war nach zwei Monaten geschwunden.

---

1) Offenbar beziehen sich diese sowie ähnliche Fälle in der Literatur nicht auf scirrhöse Affectionen des Uterus; acute wie chronische Infarkte mit Hypertrophie und Verhärtung der Port. vag. etc. scheinen die für jene Zeit leicht verzeihlichen Fehler in der Diagnose veranlasst zu haben.

Steinmetz[1]) theilt ähnliche Beobachtungen über die Wirkung der aufsteigenden Douche in Pyrmont mit, die sich ihm gegen Verhärtung des Mutterhalses, gegen hartnäckige Stuhlverstopfung mit Hämorrhoidalleiden, gegen Schwäche der Geburtstheile mit daherrührenden Schleimflüssen und Vorfällen des Uterus bewährte.

Haus[2]) rühmte ebenfalls schon damals die aufsteigende Douche in Bocklet bei Würzburg beim Fluor albus, bei fehlerhafter Menstruation, bei Schlaffheit der Generationsorgane, bei Senkung der Matrix und bei der Sterilität.

Eine allgemeine Anwendung bei den verschiedenartigsten Krankheiten der weiblichen Sexualorgane fand jedoch die Uterusdouche drei Dezennien später. Würde sich diese weitere Verbreitung der aufsteigenden Douche lediglich auf die Aerzte beschränken, so könnte uns diess durchaus nicht Wunder nehmen; denn gerade um diese Zeit fällt der Beginn einer hervorragenden Cultur der Specialäten in der Medizin, durch welche ebenso der diagnostische wie der therapeutische Apparat in den verschiedenen Zweigen der Heilkunde einen besonderen Aufschwung nahm; aber wie gesagt, nicht allein unter den Aerzten, sondern auch unter dem Publikum fand die Uterusdouche weiteren Eingang, und es ist bekannt, dass nicht selten auch Meretrices unmittelbar nach erfolgtem Coitus sich der Uterusdouche bedienen, um mögliche unangenehme Folgen dieses Actes zu vertuschen. Wir wollen diese Fälle nicht weiter erörtern und im Allgemeinen nur angedeutet haben, dass die Uterusdouche heut zu Tage sowohl für Aerzte als für Laien eine weitere Bedeutung erlangt hat.

Der ausgezeichnete und um die geburtshülfliche Wissenschaft hochverdiente Kiwisch war der erste, der die aufsteigende Douche in die geburtshülfliche Praxis einführte.

Seit Kiwisch ist eine ganze Reihe mehr oder weniger zweckmässiger Doucheapparate erstanden und wir werden später Gelegenheit finden, dieselben bezüglich ihrer Brauchbarkeit in der gynäcologischen und geburtshülflichen Praxis zu würdigen. Wir halten eine solche Würdigung um so nöthiger und angezeigter, als manche Uterusdoucheapparate derart construirt

---

1) Hufeland Journal 1827 Bd. 57 p. 52.
2) Medic. Annal. 1827 pag. 1281.

sind, dass von ihrer Anwendung gar kein Erfolg zu erwarten ist; bei anderen hingegen auf einen Erfolg zu rechnen ist, die jedoch andererseits den Uebelstand darbieten, dass bei Missbrauch oder zur Unzeit gemachter Anwendung derselben leicht nachtheilige Folgen entstehen können.

Wirkung der Uterus-Douche.

Die Uterusdouche als solche kann nicht als ein spezifisches Heilmittel gegen bestimmte Krankheiten betrachtet werden; sie ist nicht immer ein Mittel gegen bestimmte Affectionen und Prozesse, sondern ein Behelf zur Heilung einzelner Symptome und Zufälle in Krankheiten.

Will man daher die Wirkung der Douche beurtheilen, so muss man stets einzelne Momente besonders in Anschlag bringen. Man muss, so wie überall, auch hier den physikalischen Bedingungen, den mechanischen Einflüssen, der Dauer der Anwendung u. s. w. Rechnung tragen. Der Erfolg, d. h. der Einfluss auf das specielle Organ, im Ganzen genommen, die Reaction wird also abhängen von den mechanischen Bedingungen des Wasserstrahles d. h. von der Dicke und Stärke des Stromes, sie wird ferner abhängen von dem Grade der Temperatur der eingeführten Flüssigkeit (abgesehen selbstverständlich von der etwaigen medicamentös chemischen Constitution derselben) und endlich von der Dauer der Einwirkung.

Wirkung der kalten Uterus-Douche.

Unter kalter Uterusdouche verstehen wir jene, wobei die zur Douche verwendete Flüssigkeit eine Temperatur von 8 bis 15° hat[1]).

Betrachten wir also die Wirkung der kalten Uterusdouche etwa von der Temperatur des frischen Brunnenwassers. Vor allem empfindet die Geduschte ein Gefühl der Abkühlung, welches nur den gegen Kälte sehr empfindlichen anämischen Frauen unangenehm ist, den Meisten aber ein behagliches Gefühl in der

---

1) Je nach der Temperatur des zur Douche verwendeten Wassers theilt man dieses in kaltes (+ 6 — 15° R.), kühles (+ 15 – 22° R.), laues (+ 22–26° R.), warmes (+26–32° R.), heisses (+32—40° R.)

Vaginalsphäre hervorruft. Schon dieses Umstandes wegen unterziehen sich die Frauen der Mehrzahl nach gerne dieser Prozedur. Es machen sich die sogenannten antiphlogistischen Wirkungen bemerkbar. Die an der Peripherie liegenden Capillargefässe des geduschten Organes ziehen sich zusammen, es tritt ein Zustand mehr oder weniger verbreiteter Anämie desselben ein, deren Folge in der bald darauf eintretenden Reaction eine revulsive Wirkung, eine Ableitung des Blutes von inneren Theilen nach der Oberfläche sein wird. Diese Reaction thut sich kund durch eine wohlthuende Empfindung im Becken, durch ein Behaglichkeitsgefühl von Wärme, welches durch mehr oder weniger lange Zeit andauert.

Je nach der Kraft und Temperatur des kalten Wasserstrahles werden sich in Bezug auf die Mechanik wesentliche Verschiedenheiten bemerkbar machen. Je heftiger der Stoss, je breiter und kälter der Strahl, um so grösser sind auch die Hin- und Zurückbewegungen, wir möchten sagen die Ebbe und Fluth der Blutmassen. Es ist ein Wechsel lokaler Anämie und Congestion; ja es können selbst kalte Einspritzungen, wenn sie in der letzerwähnten Weise angewendet werden, dieselben Wirkungen entfalten, wie ein mit geringerer Kraft injicirter warmer Wasserstrahl. Die mechanische Reizung ersetzt hier die Wirkung eines höheren Temperaturgrades, was wohl zu beachten ist in jenen Fällen, wo man die kalten Einspritzungen zur Mässigung einer Hyperämie der Genitalien, oder zur Stillung einer etwa vorhandenen Blutung anzuwenden beabsichtigt.

Durch die Beobachtung können wir bei physiologischen und pathologischen Zuständen diese revulsive Wirkung der kalten Douche nachweisen. Die chronische Congestion des Uterus heilt oft genug unter dem Gebrauche der lokalen kalten Douche. Erosionen am Collum uteri, die früher selbst der Cauterisation nicht wichen, wurden durch Zertheilung der Congestion mittelst der kalten Douche der Heilung entgegengeführt. Die Secretionsanomalien werden zum Theil durch die Entfernung des corrodirenden Secretes, zum Theil durch die adstringirende Wirkung der Kälte, endlich wohl auch durch den Einfluss auf die Innervation, in dem einen Falle geheilt, in dem anderen Falle gebessert; in jenen Fällen, wo profuse Menstruationen durch Hyperämie des Uterus bedingt sind, tritt durch revulsive Wirkung der kalten Uterusdouche eine Verminderung der Catamenien ein.

Bei richtiger Anwendung der kalten Uterusdouche ist zwar nie ein Nachtheil für die Gesundheit zu befürchten; doch wollen wir hervorheben, dass eine übermässig lange Dauer der Doucheapplicationen, eine ungeschickte Anwendung einerseits mechanische Störung, andererseits Anämie der Sexualsphäre und dadurch bedingte Störung ihrer Function hervorrufen kann. Aber auch der eutgegengesetzte Fall kann eintreten, wenn man nämlich zu hohe Kältegrade, oder eine zu mächtige Douchesäule in Anwendung bringt; denn durch die übergrosse mechanisch-physikalische und dynamische Einwirkung kann eine so mächtige Reaction hervorgerufen werden, dass gesteigerte Congestion, Gebärmutterblutungen, ja selbst uterinale, peritoneale Entzündungen hervorgerufen werden. Die mechanische Reizung ersetzt hier die Wirkung eines höheren Temperaturgrades, was wohl zu beachten ist in jenen Fällen, wo man die kalten Einspritzungen zur Mässigung einer Hyperämie der Genitalien oder zur Stillung einer etwa vorhandenen Blutung anzuwenden beabsichtigt.

Ebenso nachtheilige Wirkungen können für Blase und Mastdarm entstehen, und wir haben nicht selten Blasenkatarrh und Reizungszustände des Mastdarmes gesehen.

Die Wirkungen der kalten Douche, bemerkt S c a n z o n i [1]), beschränken sich, wenigstens insoweit sie objectiv wahrnehmbar sind, mehr blos auf die von dem kalten Wasser unmittelbar getroffenen Theile. Zunächst bemerkt man, wenn man kurz nach dem Gebrauche der Injection untersucht, dass das Lumen der Vagina, in Folge der strafferen Contraction ihrer Wände, verengt, die Secretion ihrer Schleimhaut wenigstens zeitweilig verringert ist, etwa vorhandene Senkungen des Uterus und der Wände der Scheide sind in der ersten halben bis ganzen Stunde nach dem Gebrauch des Mittels wenigstens gemässigt, und die Wirkung der Kälte auf das Gebärorgan selbst wird dadurch einleuchtend, dass sich Vergrösserungen derselben, welche durch eine mit chronischen Stasen verbundene Erschlaffung des Parenchyms bedingt sind, manchmal schon nach kurzem Gebrauche der kalten Douche merklich verringern.

---

1) Lehrbuch der Krankheiten der weiblichen Sexualorgane. Wien 1863. pag. 52.

Wirkung der warmen Uterus-Douche.

Wenn wir nun von der warmen Douche sprechen, so ist es selbstverständlich, dass lediglich der Grad der Temperatur es ist, der den Unterschied der Wirkung bedingt, da bei gleicher Druckkraft des Strahles der mechanische Effect bei der kalten wie bei der warmen Douche derselbe ist.

Bezüglich der Dauer der Anwendung bemerken wir, dass die laue und warme durch eine längere Zeit fortgesetzt werden kann, als die kühle und kalte, bei welcher letzteren durch die energische Reaktion der Anwendung eine Grenze gesetzt wird. Zu der mechanischen Wirkung tritt also hier noch die allgemeine, erweichende und lösende Wirkung der Wärme.

Die Gewalt, mit welcher das zu injicirende Fluidum die Gebärmutter trifft, wird auch je nach ihrem höheren oder niedrigeren Grade die Wirkung der Einspritzungen wesentlich modificiren, und so kommt es denn, dass die durch warme Injection hervorgerufene Congestion zu den Beckengebilden mächtig gesteigert wird, wenn das Fluidum mit beträchtlicher Kraft und ununterbrochenem Strahle in die Genitalien eindringt (Scanzoni).

Die primäre Folge der warmen Douche wird also die sein, dass das Blut des Capillarnetzes mechanisch d. h. entsprechend der Kraft des Stromes in die benachbarten grösseren oder kleineren Gefässe weggedrängt wird. Die Gefässwände selbt werden expandirt, ihre Permeabilität vergrössert und der Prozess der Endosmose und Exosmose gesteigert, hierdurch der wässrige Antheil des Blutes muthmasslich vermehrt und der Zellsaft nach den verschiedensten Richtungen fortbewegt. In die vom Drucke befreiten Stellen werden später von Neuem Blut und Saft einströmen. Wie nach jeder energischen Muskelbewegung, wie nach gymnastischen Körperübungen, wie nach dem Massiren, Streichen, Kneten verschiedener Körperpartien mit der erhöhten Circulation unter erhöhtem Wärmegefühle ein künstlicher Saftreichthum eintritt, so scheint es auch hier der Fall zu sein, und darin glauben wir müsse die Hauptursache einer günstigen Einwirkung auf den Stoffwechsel oder auf die Ernährung des betreffenden Organs gesucht werden.

In zweiter Reihe wird dieser Saftreichthum, dieser künstliche etwa einer Congestion vergleichbare Zustand auf ein lebhafteres Vorsichgehen der Resorption einwirken können. Sind die in den kleinsten Gewebselementen abgelagerten Stoffe überhaupt noch löslicher Natur, so wird die Resorption um so schneller von Statten gehen, je grösser die Menge an Säften ist, von welchen die etwa vorhandenen Ablagerungen, Exsudate, Infarcte oder andere Entzündungsproducte umspült werden. Es ist also in die Augen springend, da die Löslichkeit der meisten Stoffe durch Wärme erhöht wird, dass die warme Uterusdouche die Resorption mehr befördert als die kalte, obwohl beiden in Folge des durch ihren mechanischen Effect veranlassten Blutzuflusses eine die Resorption fördernde Wirkung gemeinschaftlich zukommt. Es ist hier noch ein anderer Factor zu berücksichtigen. Die in Folge der Wärme allgemein beschleunigte Circulation, die nothwendig erfolgende Aufregung des gesammten Blutumlaufes wird im hohen Grade die örtliche Einwirkung unterstützen müssen.

Aus der Beförderung der Resorption, aus dem Einflusse der Wärme auf die Circulation lässt sich also die vielfältig erprobte, günstige Wirkung der warmen Douche bei verschiedenen Affectionen des weiblichen Genitalapparates genügend erklären.

Nachtheilig kann die warme Douche wirken mechanisch durch den starken Stoss, wie bei der kalten Douche und physikalisch-dynamisch durch Anwendung zu hoher Temperaturgrade oder durch die lange Dauer einzelner Doucheapplicationen oder zu lang fortgesetzten Kurgebrauch der warmen Douche, wodurch Hyperämie, pseudoplastische Ausschwitzungen, Erschlaffung des Gewebes hervorgerufen werden können, ferner durch nicht sorgfältig berücksichtigte Individualität der Kranken. Die üblen Folgen sind: hochgradig gesteigerte, örtliche und allgemeine Congestion, vermehrte Blutungen und Schleimabsonderung, Entzündungen der Matrix und ihrer Adnexa, Erschlaffung dieser Partien, hiedurch leicht hervorgerufene Senkung derselben. Ebenso nachtheilige Folgen kann die zu warme Douche sowohl im Mastdarm als in der Harnblase hervorrufen.

Was wir daher in Bezug auf Vorsicht im Beginn der Kur mit der kalten Douche sagten, gilt noch im höheren Maasse bei der warmen.

Scanzoni[1]) spricht sich über diesen Gegenstand in prägnanter Weise aus. Im Allgemeinen steht fest, sagt er, dass mit Steigerung des Temperaturgrades der eingespritzten Flüssigkeit

---

1) Lehrbuch der Krankh. der weibl. Sexualorgane, Wien 1863. p. 51.

auch die Blutzufuhr zu den Genitalien in gleichem Maasse zu-
nimmt, was sich durch die erhöhte Wärme der Vagina,
durch die Intumescenz ihrer Schleimhaut und nach längerem
Gebrauche des Mittels auch durch eine dem Tastsinn wahrnehm-
bare Auflockerung und Aufschwellung des dem Finger zugänglichen Theiles des Uterus zu erkennen gibt. Die Kranken kla-
gen über ein Gefühl von Schwere, Hitze und Völle in der Be-
ckengegend, welches sich manchmal bis in die Lumbargegend
ausbreitet; nicht selten zeigt sich die Wirkung der Wärme auf
den Gesammtorganismus durch eine Steigerung der Pulsfrequenz,
Eingenommenheit des Kopfes, Herzklopfen und zuweilen selbst
durch intensive Fieberbewegungen. Auch in den Brüsten gibt
sich die erregende Wirkung der Douche auf das Sexualsystem
durch die stärkere Anschwellung dieser Organe, durch flüchtige
Stiche in denselben, durch eine merkliche Intumescenz der gegen die Achselhöhle verlaufenden Lymphgefässe und Drüsen zu
erkennen. Am deutlichsten aber spricht sich die vermehrte Congestion zu den Beckengebilden durch die auf die Anwendung
warmer Vaginalinjectionen so häufig eintretende Steigerung des
menstrualen Blutflusses aus.

Bekanntlich ist die Wärme eines der wichtigsten die Ver-
flüssigung und Resorption gesetzter Exsudate unterstützenden
Mittel, und so kann es denn auch nicht befremden, dass Vergrösserungen der Gebärmutter, welche in exsudativen Processen
innerhalb des Parenchyms ihren Grund haben, auf die Anwendung der warmen Douche so häufig Rückschritte machen.

Nachdem wir nun in allgemeinen Zügen die Wirksamkeit
der warmen und kalten Douche in physiologischen und pathologischen Zuständen geschildert, erübrigt es uns nur noch in
Kürze das Wichtigste über Methode und Art der Anwendung
der einzelnen Apparate, über den continuirlichen und unterbrochenen Strahl und endlich über die Indicationen anzuführen.

Aus dem früher Gesagten ist es einleuchtend, dass die Qua-
lität der Wirkung bei den verschiedenen Formen und Methoden
der Anwendung der Uterusdouche im Ganzen dieselbe sei und dass
es sich lediglich um ein Plus oder Minus, d. h. um einen mehr
oder minder intensiven Effect handeln könne. Dieser also wird
im speciellen Falle der nothwendig zu berücksichtigende Faktor
sein und je nach der mehr oder weniger nachhaltigen Wirkung,
die er anstrebt, wird der Arzt sein Verfahren einrichten. Es

gilt diess ebenso von der Dauer, von der Temperatur, von der
Stärke des unterbrochenen oder continuirlichen Strahles. Bezüglich der Methode der Anwendung können wir die
allgemeine Regel, die dem Arzte bei der Anwendung des hy-
drotherapeutischen Verfahrens geläufig ist, nur wiederholen. Wir
werden von der Anwendung der kalten Douche z. B. bei empfindlichen Individuen zuerst mit Wasser höherer Temperatur
beginnen und nur allmälig zur niederen Temperatur übergehen.
Wir werden ferner, je nach der Sensibilität des Individuums dem
aufsteigenden Strahle ein stärkeres oder geringeres Kaliber geben, wir werden den Strahl mit stärkerer oder geringerer Kraft
auf die betreffenden Gebilde einwirken lassen, wir werden sogar
in einzelnen Fällen die kalte Douche im lauen oder warmen
Wannenbade anwenden, eine Prozedur, welcher sich, beiläufig
gesagt, die Patientin sehr gerne unterzieht.

Die Angabe spezieller Regeln zum Gebrauche der Uterusdouche ist zum Theil unmöglich, zum Theil überflüssig; wie
überall wird der Arzt auch hier den Einzelfall berücksichtigen;
er wird, wie er es überhaupt in diagnostischer, prognostischer,
therapeutischer und forensischer Beziehung zu thun gewohnt
ist, individualisiren. Wir wollen übrigens nicht nur im nächsten
Kapitel so viel als möglich in die Details der Anwendung ein-
gehen, sondern auch bei der genauen Beschreibung der einzelnen Apparate ihre Vor- und Nachtheile speciell anführen, um
dem Arzte einen sichern Leitfaden bei der Empfehlung der einzelnen Doucheapparate zu geben.

Ebenso kurz, wie bezüglich der Wirkung und Methode wollen wir uns auch rücksichtlich der Indicationen halten.

Indicationen der kalten Uterusdouche.

Die kalte Uterusdouche ist, wie sich folgerichtig aus dem
früher Gesagten ergibt, angezeigt:

Bei Congestivzuständen des Uterus und seiner
Adnexa, daher auch bei jenen Gebärmutterleiden, wo in
Folge derselben Reizungszustände in benachbarten Organen
auftreten, oder wenn die Lageveränderung der Gebärmutter
durch Congestion und Hypertrophie einzelner Theile derselben
entstanden ist.

Bei chronischen Blennorrhöen des Uterus und der
Vagina, welche durch auffallende Schlaffheit und Auflockerung

gekennzeichnet ist. Schon der Zweck der Reinlichkeit, sagt West[1]), ist ein sehr einleuchtender Grund, weshalb in jedem Falle von abundanter Leukorrhöe Injektionen angewendet werden sollten; während man überdiess daran denken muss, dass bei längerer Dauer der Affection fast stets ein Theil des Ausflusses von den Scheidewandungen und den Follikeln des Cervix abgesondert wird, auf welche beide die injicirte (arzneihaltige) Flüssigkeit mehr oder weniger energisch eingreifen wird. Daher wird auch die Anwendung der kalten Douche gerecht erscheinen in jenen Fällen von chronischen Blennorrhöen, wo die energische anhaltende Cauterisation mittelst Einlagen, Tamponen (Postelberg'sche Scheidentampone) angewendet wurde, zur Entfernung der durch die Tampone gesetzten Membranen und Schleimcoagula, ebenso zur Beseitigung der durch sie hervorgerufenen congestiven Hyperämie.

Bei pathologischen Blutungen aus den Genitalien welcher Art immer, hervorgerufen durch die mannigfaltigsten Affectionen des Uterus, dieselben mögen nun in Gewebsveränderungen der Schleimhaut, des Parenchyms, oder in Neubildungen ihren Grund haben. Die physikalische Wirkung der Kälte wird sich hier immer in der gleichen Weise manifestiren, durch Contraction der organischen Faser, daher durch Verengerung des Gefässlumens u. s. w. Wie sichs von selbst versteht wird die Wirkung des kalten Wassers durch Zusatz medicamentöser Stoffe, die der Heilanzeige entsprechen, verstärkt werden können.

Bei den verschiedenen gut- oder bösartigen Neugebilden (fibröse, Schleim- und Placentarpolypen, Carcinome etc.). Wenn sie Blutungen veranlassen, wird daher die Injection des kalten Wassers um so weniger zu umgehen sein, als sie bei den hier häufig vorkommenden penetrant riechenden Ausflüssen diätetischen und Reinlichkeitszwecken dient, wenn auch, wie es sich von selbst versteht, das Grundleiden durch die Douche nicht im geringsten alterirt wird.

Bei der habituellen Menorrhagie, bei welcher sich die Menses in kurzen Zwischenräumen wiederholen und sich durch die lange Dauer sowohl als durch die excessive Blutung

1) Lehrbuch der Frauenkrankheiten. Deutsch von Dr. Langenbeck. Göttingen 1860 pag. 161.

auszeichnen, wird die kalte Injection von ebenso gutem wie si-
cherem Erfolge sein. Es wird hier Aufgabe des Arztes sein,
den aus Aengstlichkeit entspringenden Widerstand der Frauen
durch überzeugendes Zureden zu überwinden.

Bei der Decidua catamenialis (membranöse Dysmenorrhöe Simpson) wo mit dem Menstrualblute kleinere oder
grössere Häute und Fetzen, die die deutlichen Merkmale der
Decidua tragen, gewöhnlich mit Schmerzen expulsirt werden.
Diese Fälle werden nicht selten durch die kalte Douche wenn
nicht ganz geheilt, so doch mindestens wesentlich gebessert
werden.

Bei den verschiedenen als locale Erscheinungen der
chronischen Metritis an der Portio vag. und zwar in der Umgebung des Orificium ext. vorkommenden Erosionen und Ge-
schwüren. Diese werden durch Zertheilung der Congestion
mittelst der kalten Douche der Heilung entgegengeführt.

Ebenso werden sich die kalten Irrigationen häufig nützlich
erweisen bei gewissen Blutflüssen, wo es an Contraktion
des Uterus fehlt, bei torpiden Zuständen, wo es sich
um Tonisirung des Gewebes und um Kräftigung und Verdichtung der Textur handelt.

Hyperästhesien des weiblichen Geschlechtsappa-
rates, wo Congestivzustände Ursache derselben sind, werden
durch die revulsive und tonisirende Wirkung der kalten Douche
mit ausgezeichnetem Erfolge bekämpft werden, wie wir es wiederholt bei Pruritus vaginae etc. zu beobachten Gelegenheit
hatten.

Bei den spezifischen durch Infection bedingten
Blennorrhöen ist Anfangs die laue, später die kalte Uterusdouche ein bedeutendes Unterstützungsmittel der Behandlung.

Gustav Braun hält die Scheideneinspritzungen für ein we-
sentliches Hülfsmittel in der gynäcologischen Praxis, da sie sowohl auf die Scheide, die Vaginalportion und den Uterus als
auch auf deren Umgebung einen mächtigen Einfluss auszuüben
im Stande sind. Seiner Ansicht nach können noch folgende specielle Anzeigen für den Gebrauch der kalten
Scheideneinspritzungen aufgestellt werden:

Die excedirenden menstrualen Blutausscheidun-
gen, wenn sie nicht mit substantiver Erkrankung der Ovarien
oder des Uterus vergesellschaftet sind und nur durch periodische

zu starke Congestion gegen den Uterus verbunden sind, weichen
oft ziemlich rasch der Anwendung von nicht zu kalten Scheideneinspritzungen.

Bei der Behandlung der congestiven Dysmennorrhöe
kann in den Zwischenpausen von einer Menstruation zur andern
die Blutüberfüllung der Beckenorgane durch mehrmalige Anwendung der kalten Scheideneinspritzungen gemildert werden.

Bei Erosionen und variкösen Ulcerationen kom-
men kalte Einspritzungen in die Scheide mit Vortheil in Anwendung.

Beim chronischen Catarrh der Uterusschleim-
haut wirken, besonders bei starker Auflockerung, kalte Einspritzungen ganz günstig; doch soll man stets die Empfindlichkeit der Kranken vor Anwendung des kalten Wassers prüfen
und nur allmälig die Temperatur des Wassers erniedrigen.

Bei Anteflexion des Uterus kann nur in frischen Fällen von kalten Einspritzungen in die Vagina Gebrauch gemacht
werden, da man in dieser Zeit noch am leichtesten der Erschlaffung der Scheide und des Uterusgewebes entgegenwirken kann;
allein auch dann wird man häufig über heftige Schmerzen kla-
gen hören, welche ihren Grund in den heftigen Uterincontractio-
nen, bei stärkerer Ausdehnung des Fundus durch angesammelte
Schleimmassen, haben.

Man kann bei Retroflexionen des Uterus aus dem
gleichen Grunde, wenn sie nicht lange dauern, kalte Einspritzungen in die Scheide machen lassen.

Die Lageveränderung der Gebärmutter insbeson-
dere nach unten, der Descensus, welcher oft nach Abortus
oder nach einem Wochenbette in Folge mangelhafter regressiver
Metamorphose zurückbleibt, kann nicht selten bei horizontaler
Rückenlage, sorgfältiger Beachtung der Funktionen des Mastdarms
und der Harnblase, durch Anwendung kalter Einspritzungen in die
Scheide oder auch Application adstringirender Mittel auf die Va-
ginalschleimhaut sich rasch bessern und manchmal ganz heilen.

Beim Prolapsus uteri werden, bei gleichzeitiger Verwendung von Pessarien, laue oder nach Umständen kalte Einspritzungen schon aus Reinlichkeitsrücksichten nicht zu umgehen
sein.

Bei chronischer Inversion des Uterus, wenn eine
Reduction gelingt, kann zur Verhinderung der Erschlaffung des

Uterus und zur Vermeidung der Blutungen von kalten Einspritzungen in die Vagina Gebrauch gemacht werden.

Die Cystocele und Rectocele vaginalis können durch kalte Scheideneinspritzungen bedeutend gebessert werden, wenn dieselben im Beginne des Leidens und bei voller Funktionsfähigkeit des Constrictor cunni in Anwendung gezogen werden.

Indication der warmen Uterusdouche.

Wie oben ausführlich hervorgehoben wurde, erzeugt die warme Uterusdouche im graden Verhältnisse zu der höheren oder tieferen Temperatur des Wassers eine Congestion im Genitalapparate, wodurch die Möglichkeit gegeben ist, in das Parenchym der einzelnen Partien desselben abgesetzte Exsudate oder Exsudationsproducte nach und nach theilweise oder ganz zur Resorption zu bringen. Somit wird die warme Uterusdouche ihre Anzeige finden:

Bei Hypertrophien der Port. vaginae sowie beim Gebärmutterinfarcte, mit diffuser Bindegewebswucherung, wo wir es mit einem starren indurirten Uterus zu thun haben, wird der fortgesetzte Gebrauch der warmen Einspritzung eine Volumsverminderung zu effectuiren vermögen, wobei jedoch zu bemerken ist, dass, wenn diese gelungen ist, die weitere Anwendung dieses Heilverfahrens der entgegengesetzten Methode, nämlich der kalten Uterusdouche weichen soll.

Nicht minder wird es wieder nur eine physiologische Folge der durch die warme Uterusdouche hervorgerufenen Congestion sein, dass die sparsame oder ganz unterdrückte Menstruation verstärkt, dauernd oder vorübergehend wieder hergestellt wird. Somit wird die warme Injection ihre Anwendung finden:

Bei der Menostasie und

Bei der spärlichen Menstruation.

Bei Uterinalkoliken wird oft der Gebrauch der warmen Uterusdouche mehr Erfolg erzielen als alle Narcotica.

Bei der Sterilität bedingt durch Rigidität der Vaginalportion. Simpson hat in diesem Falle vor der von ihm zuerst ausgeführten Incision als Vorbereitung durch längere Zeit die warme Uterusdouche angewendet. — Endlich wird der warme Strahl angewendet:

Zur Erweckung der künstlichen Frühgeburt. (Kiwisch, Chiari, Martin etc.)

Die warme Uterusdouche findet nach Gustav Braun noch Anwendung:

Bei Amenorrhöe; wenn es sich einfach darum handelt, eine Reizung des Uterus zu erzielen, haben warme Einspritzungen in die Scheide in der Regel einen günstigen Erfolg.

Die neuralgische Dysmenorrhöe mindert sich bei dem Gebrauch warmer Scheideneinspritzungen, die bei Mädchen vortheilhaft mit der Anwendung der warmen Brause auf die Kreuzbeingegend und die Vulva vertauscht werden können.

Die Neuralgie des Uterus bessert sich manchmal nach Anwendung warmer, in einzelnen Fällen aber wieder nach dem Gebrauche kalter Scheideninjectionen.

Im Beginne des acuten Catarrhes der Uterusschleimhaut werden laue Scheideneinspritzungen zuweilen mit Vortheil verwendet; doch muss man die grössere oder geringere Empfindlichkeit der Scheide berücksichtigen.

Bei Hämatocele, wenn der Beckentumor bereits mit Furchen versehen ist, kein Fieber nachweisbar und auch kein Zweifel obwaltet, dass bereits eine Resorption der flüssigen Bestandtheile des Extravasates stattgefunden hat. In solchen Fällen wirken einfache laue Einspritzungen in die Scheide mit schwachem continuirlichem Strahle vortrefflich.

Nach Entleerung des in der Uterushöhle angesammelten Blutes bei Hämatometra können Anfangs laue, später aber kalte Einspritzungen in die Scheide zur Volumsverringerung des Uterus wesentlich beitragen.

Bei acuter Metritis kann man wegen beträchtlicher Sekretion laue Scheideneinspritzungen entweder in liegender Stellung, oder wenn die Kranken es bequemer finden, im lauen Bade machen, um die Scheide von angesammelten Schleimmassen frei zu machen.

Bei diffuser Bindegewebswucherung oder sogenannter Induration finden warme Einspritzungen nicht selten eine günstige Verwendung, und wenn das Volumen des Uterus sich verringert hat, dann wendet man kalte Scheideneinspritzungen mit Vortheil an. Auch übt die allgemeine Douche auf den Gesammtorganismus einen günstigen Einfluss aus; nur

2 *

muss man die Vorsicht nicht ausser Acht lassen, dass die Douche nicht zu lange dauert und dass man Anfangs laues Wasser und allmälig kälteres verwendet.

Organisirte Exsudate, sowohl extra- als auch intra-peritoneale, besonders solche, welche unmittelbar an einer der Flächen des Uterus anliegen, werden rascher beseitigt, wenn warme Scheideneinspritzungen mit nicht zu kräftigem Strahle in Anwendung kommen. Man kann auch Einspritzungen in die Scheide im warmen Bade vornehmen lassen. Zweckmässig wird es sein, wohl darauf zu achten, dass die Einspritzungen nur dann angewendet werden, wenn kein Fieber vorhanden ist und alsbald ausgesetzt werden, sobald eine zu starke Gefässaufregung nach der Application sich geltend macht.

Es kann auch nicht einerlei sein, wie das Mutterrohr, welches zu solchen Einspritzungen verwendet wird, beschaffen ist, da lange und besonders an den Spitzen abgerundete, theils aus Zinn gefertigte, theils elastische Mutterrohre den Nachtheil haben, dass sie entweder zu hoch hinaufgeführt werden und direct in den äusseren Muttermund eindringen, oder auch nur durch die Scheidewand den Beckentumor berühren, und dadurch im ersteren Falle unmittelbares Eindringen der Flüssigkeit in die Uterushöhle, im letzteren Falle aber leicht Schmerzgefühl hervorrufen.

Injektionsmittel.

Je nach der Verschiedenheit des Zweckes, den wir mit der Injektion erreichen wollen, wird auch das Mittel, dem wir in den verschiedenen Fällen den Vorzug geben, verschieden sein. Dem Arzte ist hier ein weiter Spielraum offen gelassen. Er wird aus der grossen Reihe der ihm zu Gebote stehenden medicamentösen Stoffe mit grosser Sicherheit die entsprechenden auswählen können und innerhalb sehr weiter Grenzen sich für diejenigen entscheiden können, die ihm im Einzelfalle am raschesten zum Ziele führen. Sind es blos diätetische Reinlichkeitszwecke die ihm vorschweben, so wird das Wasser in den verschiedensten Temperaturgraden in allen Fällen ausreichen.

Handelt es sich um therapeutische Erfolge, so wird er je nach den gegebenen Indicationen zu emollirenden, adstringirenden, resorbirenden und anderen Mitteln greifen, die er im Wege der Uterusdouche zur örtlichen Anwendung bringen kann.

Um nun vor Allem von der einfachen Injektionsflüssigkeit, vom Wasser zu sprechen, so müssen wir mit Bedauern gestehen, dass dessen Wirksamkeit von vielen Frauen sehr unterschätzt wird. So wie die Reinlichkeit überhaupt in vielen Kreisen noch nicht ganz in ihrer diätetischen Bedeutung erfasst wird, so wird sie auch von vielen Frauen speziell in ihrer weiblichen Sphäre noch häufig unterschätzt. So manche ziemlich lästige chronische Affection der weiblichen Genitalien wird durch entsprechende Reinlichkeit vollständig beseitigt. Freilich genügt hier die einfache Waschung mit Seife und Schwamm nicht, während durch den kräftigen Strahl der Uterusdouche der ganze Scheidenkanal nebst der Port. vag. abgespült und gereinigt wird. Die Uterusdouche mit reinem Wasser allein wird also in leichten Fällen vollständig ausreichen.

Handelt es sich um therapeutische Zwecke, so wird es sich je nach dem Einzelfalle leicht eruiren lassen, welche Reihe von Mitteln Anwendung zu finden hat. Bei gewissen ulcerösen Processen, Hypertrophien und Infarkten, Verengerungen u. s. w. kann die Heilanzeige dahin gehen, die Theile zu erweichen, locker, schlüpfrig zu machen, Exsudate zu lösen u. s. w. In rationeller Weise werden die Emollientia z. B. Althaea, Leinsamen etc. am Platze sein, und lege artis werden die entsprechenden Stoffe dem Wasser einverleibt werden.

Ist, wie in anderen Fällen von Infarkten, bei Exsudaten, Retrouterinalprocessen u. s. w. die Indication, auf Resorption hinzuwirken, so werden wir dem durch die Douche zu injicirenden Wasser die entspsechenden Resolventia, Quecksilber, Jod beisetzen. Bezwecken wir endlich eine adstringirende Wirkung, wie diess bei so vielen katarrhalischen, blennorrhoischen Affectionen, Erschlaffung der Gewebe, Erosionen oder Excoriationen der Fall ist, dann werden wir zu den adstringirenden Mitteln unsere Zuflucht nehmen. Es kann unsere Aufgabe hier nicht sein, die ganze Reihe derselben hier anzuführen. Der Arzt wird in der grossen Reihe der vegetabilischen und mineralischen Adstringentien unschwer seine Auswahl treffen und im Falle die leichteren, wie das sich so häufig ereignet, ihn im Stiche lassen, alsbald zu den nächst stärkeren übergehen.

Anwendung der Uterusdouche in der geburtshülflichen Praxis.

Haben wir bis jetzt die Anwendung der Uterusdouche in der gynäcologischen Praxis in Betracht gezogen, so müssen wir nun ihres ausgedehnten Gebrauches in der Geburtshülfe Erwähnung thun.

Wir haben bereits früher die Anwendung der kalten Douche bei profuser Menstruation und anderen Metrorrhagien erwähnt. Es kann daher nicht überraschen, dass von verschiedenen Autoren: Jörg[1]), Seyfert[2]), Injektionen mit kaltem Wasser und die kalte Douche bei Placenta praevia wiederholt mit günstigem Erfolge in Anwendung gezogen wurden. Da wir uns der Ansicht C. Braun's bei Placenta praevia vollkommen anschliessen, so können wir die betreffende Stelle seines vortrefflichen Werkes[3]) hier anführen: „Die aufsteigende kalte Wasserdouche wurde von Seyfert in Prag (nach Anempfehlung der Injektionen von kaltem Wasser durch Jörg) mehrmals angewandt und daraus folgende Schlüsse gezogen: „Um die Dauer der nicht zu verhindernden Blutungen wenigstens abzukürzen, sind kalte Injektionen zu gebrauchen und um stärkere Blutungen im Vorhinein zu verhindern ist den Schwangern selbst der Gebrauch der Clysopompe zu lehren (?).

Von den kalten Injektionen ist aber nur dann Stillung der Blutung zu erwarten, wenn vom Wasserstrahl selbst die blutende Stelle getroffen wird.

Bei einer Schwangern, die durch Blutverlust dem Tode nahe ist und die Blutung fortdauert, sowie bei jeder Blutung, welche in der Schwangerschaft ohne Uteruscontraction auftritt, ist die kalte Uterusdouche anwendbar.

Während des Geburtsverlaufes ist der Finger in den kaum zugänglichen Muttermund einzuführen und damit die um den Muttermund angehefteten Partien der Placenta auf einmal in

---

1) Jörg, J. Chr. G. Schriften, Zur Behandlung der Krankheiten des menschlichen Weibes. Leipzig 1818, Th. 1, pag. 292, und in dessen spezieller Therapie 1835, pag. 256.
2) Seyfert, B., Prag. Vierteljahrsschrift 1835, III Bd.
3) Braun, C. R., Lehrb. der Geburtshülfe. Wien 1857, pag. 643.

grösserem Umfang so schnell als möglich zu trennen und sogleich nach diesem Verfahren die kalte Douche anzuwenden.

Wenn der Muttermund das Einführen der Hand ohne Schwierigkeit zulässt, so sei die Geburt jedesmal künstlich zu beenden. Ueber den Gebrauch der kalten Wasserdouche bei Placenta praevia haben D'Outrepont, Naegele, Braun[1]), Chiari, Spaeth, Lumpe[2]), Grenser[3]), Hohl[4]), Hohl[5]) u. m. a. ein verwerfendes Urtheil nach allseitiger Beleuchtung dieser Methode ausgesprochen und von keiner Seite wurden über die Brauchbarkeit der kalten Wasserdouche bei Placenta praevia completa günstige Urtheile abgegeben, daher muss ihr Gebrauch nach dem gegenwärtigen Standpunkte unseres Wissens widerrathen werden.

Die Anwendung der warmen Uterusdouche in der geburtshülflichen Praxis.

Die warme Uterusdouche gestattet ebenfalls eine vielfache Verwendbarkeit in der Geburtshülfe und es muss ihr unter den geburtshülflichen Apparaten eine wichtige Stelle eingeräumt werden. Zur Erweckung der künstlichen Frühgeburt ist es ein einfaches Verfahren, welches unter den meisten anatomischen Verhältnissen in Anwendung gezogen werden kann. Die Erfolge sind, vorausgesetzt, dass die Dicke des Wasserstrahles und die Triebkraft des Apparates der Individualität proportionirt sind, ebenso sicher wie bei allen übrigen Methoden.

Kiwisch war, wie bereits erwähnt, der Erste, der die Uterusdouche zur Erweckung der künstlichen Frühgeburt empfahl, und die hervorragendsten Geburtshelfer schlossen sich seinem Beispiele an. Wir lehnen uns hier an das treffliche Lehrbuch der Geburtshülfe des Prof. C. Braun[6]) an.

---

1) Klinik der Geb. etc. S. 160.
2) Lumpe, Medic. Wochenschr. 1852, Nr. 42, 43.
3) Grenser, Nägele's Lehrb. der Geb. 1854, pag. 725.
4) Hohl, Deutsche Klinik 1853. Nr. 17—22 u dessen Lehrbuch S. 388
5) Hohl, Monatschr. für Geb. etc. Jännerheft 1854, S. 39.
6) l. c. p. 754.

„Die Uterusdouche gestattet eine so vielfache Anwendung bei Krankheiten der weiblichen Geschlechtstheile, dass derselben immer ein wichtiger Platz eingeräumt werden muss. Zur Erweckung der künstlichen Frühgeburt bei Beckenverengerungen ist sie eine derjenigen Methoden, welche unter den meisten anatomischen Verhältnissen in Anwendung gezogen werden kann und bietet ebenso sichere Erfolge als alle übrigen Methoden, wenn die Dicke des in die Scheide einströmenden Wasserstrahles und die Triebkraft des Doucheapparates der aussergewöhnlichen Torpidität einzelner Individuen proportionirt sind.

Für die Mutter ist die Anwendung der aufsteigenden Douche bei Berücksichtigung der erforderlichen Cautelen ganz gefahrlos. Wenn auf einzelne bekannt gegebene Fälle der angewandten Uterusdouche lebensgefährliche Erkrankungen im Wochenbette eintraten, so ist daran zu erinnern, dass diese Fälle sich fast ausschliesslich in Gebärhäusern ereigneten, welche unter dem zymotischen Einflusse des Puerperalfiebers standen; daher ist es jetzt noch nicht erlaubt, schädliche Einflüsse auf die Gesundheit der Mutter der methodischen Anwendung der Uterusdouche zuzuschreiben.

Wahr ist es aber, dass bei manchen lebensgefährlichen Zuständen der Schwangeren, wie bei Placenta praevia, Eclampsien bei Sterbenden u. s. w. die Uterusdouche nicht am Platze ist, aber desshalb bleibt der Gewinn, welchen die geburtshülfliche Praxis durch die Entdeckung derselben erreichte, dennoch sehr gross.

Diesterweg[1]) hat auf den Umstand aufmerksam gemacht, dass in Folge von Uterusdouche die Kinder öfter, als nach dem Gebrauche anderer Methoden an Gehirnhyperämien zu Grunde gehen sollen. Es ist bei der Neuheit des Verfahrens sehr schwer, hierüber sich eine richtige Ansicht zu verschaffen; aber daran glauben wir erinnern zu müssen, dass von den durch die übrigen Methoden zu früh geborenen Kindern uns keine so genaue Sektionsresultate bekannt gegeben wurden; dass die Hirnhyperämien ebenso allgemein bei unreifen Kindern sind, weil sie auch durch den erlittenen mechanischen Druck, der bei der Erweiterung des nur langsam verstreichenden Mutterhalses und Mutter-

---

1) Diesterweg; Verh. d. Ges. f. Geb. in Berlin Band IV. S. 241.

mundes durch die beschränkten, knöchernen Räumlichkeiten auf
die weichen kindlichen Knochen des Kopfes gesteigert werden
können, somit die Lebensgefahr unreifer Kinder mit mehr Wahr-
scheinlichkeit davon, als von der Uterusdouche selbst abzuleiten
sein dürfte.

Der Einwurf, dass der vorliegende Kindestheil während der
Uterusdouche zurückweiche, ist nur theilweise richtig.

In Fällen, in welchen der Beckenraum nicht zu enge, und
das Missverhältniss nicht so bedeutend ist, dass der vorliegende
Kopf in denselben eintreten kann, haben wir dieses Ereigniss
nicht bemerkt.

Es wird der Kopf mit dem Scheidengewölbe durch die Douche
wohl emporgehoben, sinkt aber nach Aufhören derselben gewöhnlich wieder bald auf den Beckeneingang.

Bei hochgradiger Beckenverengerung und engem Mutterhalse
kann von einer bestimmten Kindeslage ja ohnehin keine Rede
sein, weil, wenn auch nicht gerade die Schulter vorliegt, so
doch der Kopf gewöhnlich auf einer Darmbeingrube zu finden
ist. Es will uns daher auch nicht recht klar werden, was für
einen Schaden dann die Uterusdouche stiften kann.

Die Vortheile der Uterusdouche wurden bisher nicht nur
von Kiwisch erprobt, sondern auch von Chiari, Tyler,
Smith[1]), Sympson, in ihrer wahren praktischen Bedeutung
aufgefasst und Hohl erkennt in der Uterindouche, ungeachtet
einiger Einwürfe, ein Verfahren an, das in Gebärhäusern mit
dem Apparate selbst, in der Praxis mit einer Mutterspritze be-
folgt, unter Umständen vortreffliche Dienste leisten kann und
in der Art der Anwendung in keiner Weise schwierig ist.

Nach den Mittheilungen von Kilian, Schäfer, Martin,
Usch, Michaelis, Ziehl, Stengelmaier, Germann, Lud-
wig, Birnbaum, Diesterweg, Harting, Nägele, Trog-
her, Arneth, Chiari, Rendlen, Ridgen, dem Verfas-
ser u. v. a. in Deutschland; von Villeneuve[2]), Bouchacourt[3]),
Dubois, Aubinais, Bourgeois[1]) in Frankreich; von Gou-

---

1) Tyler Smith: Lancet 1852 S. 297.
2) Villeneuve: Rev. Méd. Chir. 1855 Mai.
3) Bouchacourt: Gaz. des Hôp. 1855 Nr. 122.
4) Bourgeois: Gaz. des Hôp. 1853 Nr. 126.

döwer in Holland; von Tyler Smith, Lacy, Atthil, Sin-
clair, Sympson in Grossbrittanien und Lewy in Dänemark
haben sich über die Brauchbarkeit der Uterusdouche folgende
Grundsätze gebildet:

1) Dass dieses Verfahren ebenso zuverlässig als der Ei-
hautstich ist.

2) Dass die Douche durchschnittlich die Geburt in derselben
Zeit herstellt.

3) Dass es fraglich sei, ob die Erkrankung der Mutter von
der Uterindouche herrühre."

Doucheapparate.

Wir gehen nun zur· speciellen Beschreibung der Doucheapparate über, welche in der geburtshülflichen und gynäkologischen Praxis eine Rolle spielen.

Wir glauben jedoch, bevor wir zur Beschreibung der einzelnen Apparate übergehen, ein besonders in der gynäkologischen Praxis neuerer Zeit häufig angewendetes Instrument erwähnen zu sollen, nämlich:

Die Uterusspritze.

Sie eignet sich zur Injektion flüssiger Arzneistoffe in die Höhle des Uterus und findet ihre Gebrauchsanzeige bei jenen Affectionen, wo der Arzt auf die Schleimhaut des Cavum uteri direct einzuwirken beabsichtigt, zumeist also bei profuser schleimigeitriger Sekretion der Uterusschleimhaut.

Die gynäkologische Praxis machte es in vielen Fällen wünschenswerth, flüssige Arzneimittel in die Höhle des Uterus einzubringen. Die medicamentöse Substanz in fester Form bot bei ihrer topischen Anwendung Inconsequenzen mancherlei Art. Ihre Wirkung erstreckt sich nicht auf die ganze Uterushöhle, sondern nur auf jene Parthie, mit welcher sie in direkte Berührung kommt und eine ausgiebigere Anwendung war durch das schwierige Terrain behindert. Ganz anders die Anwendung flüssiger Arzneimittel, bei welchen das Menstruum sich durch seine Adhäsion leicht über die ganze Schleimhaut verbreitet und trotz der geringen technischen Schwierigkeit bessere Wirkung erzielen lässt.

Allerdings hat auch die Injektion flüssiger Substanzen in die Uterushöhle, nicht unter den gehörigen Cautelen vorgenommen, mitunter ihr Missliches, da schon geringe Quantitäten in die Tuben und durch diese in die Bauchhöhle gelangen und heftige Peritonitiden veranlassen können. Doch dürften bei dem Gebrauch der in gelungener Abbildung hier vorgeführten vom Prof. Carl Braun erdachten und angegebenen Uterusspritze diese angeführten Uebelstände kaum je in Erscheinung treten,

Die einzelnen Bestandtheile der Spritze
sind:

a) das Injektionsrohr;
b) der Glascylinder;
c) das Verlängerungsrohr;
d) die Stempelstange mit dem Ringe.

Das Injektionsrohr (a), nach der
Simpson'schen Uterussonde gebogen, ist
den verschiedenen Längendurchmessern der
Uterushöhle entsprechend, $2^{1}/_{2}$ — $3''$ lang
und besitzt an seinem oberen Ende eine
drehbare Olive, welche wieder mit einer
seitlichen, für den zu injicirenden Tropfen
leicht passirbaren Oeffnung versehen ist.
Der am unteren Ende des Rohres angebrachte Ansatz zeigt nach Innen ein Mut-
terschraubengewinde, mittelst dessen das
sondenförmige Injektionsrohr an die Metall-
zwinge des Glascylinders (b) angeschraubt
werden kann. Der Glascylinder fasst 12
Tropfen Wasser und ist mit seinem unteren
Ende in derselben Weise wie das Injektionsrohr mit dem oberen Theile des Verlänge-
rungsrohres (c) abschiebbar verbunden. Die
Stempelstange (d) bewegt sich durch das
Verlängerungsrohr hindurch in den Glascylinder, zeigt an ihrem oberen Ende einen
Lederkolben, in der Form einer Doppelman-
schette, während an ihrem unteren Ende
Graueintheilungen, wie bei der subkutanen
Injektionsspritze sichtbar sind. Die einzelnen Bestandtheile a, c und d sind aus Hartkautschuk gefertigt.

Die Manipulation ergibt sich aus der
Darstellung des Instrumentes. Die an den
Glascylinder angebrachte fadenförmige Röhre
wird — unter Beachtung derjenigen Kaute-
len, welche bei der Einführung der Uterussonde mit Rücksichtnahme auf die verschiedenen Lage- und Formveränderungen des

Gebärorgans überhaupt erforderlich sind — entweder mit Zuhilfnahme des Scheidenspiegels oder auch ohne denselben bis zum Fundus uteri geleitet, und während durch das allmälige Vorwärtsschieben der Stempelstange die zu injicirende Flüssigkeit nur tropfenweise aus der sondenförmigen Röhre fliesst, kann man durch vorsichtige Excursionen und durch ein langsames Zurückziehen der Uterusspritze die ganze innere Auskleidung des Fruchthalters mit dem Medicamente gleichmässig in Berührung bringen.

Die Scheidenspritze.

Sie wird gewöhnlich auch schlechtweg Mutterspritze genannt und ist seit alter Zeit zu Einspritzungen in die Vagina in Gebrauch. Sie ist nichts anderes als eine einfache Klystierspritze und von dieser bloss durch das 6″ lange zinnerne nach der Führungslinie des Beckens bogenförmig gekrümmte Ansatzrohr (Mutterrohr) unterschieden, welches das Afterröhrchen ersetzt.

Die Vortheile dieser Spritze sind, dass sie bequem ohne besondere Schwierigkeit von der Patientin selbst gehandhabt werden kann; sie hat ferner den Vorzug grosser Billigkeit, daher sie auch Unbemittelten leicht zugänglich ist.

Ihre Mängel sind, dass sie nur geringe Mengen von Flüssigkeit 4—6 Unzen aufzunehmen vermag, dass daher nach jeder Injektion zum Behufe einer neuen Füllung der Spritze das Instrument aus der Vagina gezogen und von Neuem eingeführt werden muss, wodurch die empfindlichen Theile gereizt werden. Da ferner bei jedesmaliger Einführung der Contact mit den nicht selten auch wunden Partien mit dem Mutterrohre ein unangenehmes Gefühl erregt, so erblicken empfindliche Patienten in jeder Injektion eine stets mit Schmerzhaftigkeit verbundene Operation.

Die Kautschukblase (nach Martin).

An einer von derbem Kautschuk birnenförmig gestalteten Blase wird ein Mutterrohr angebracht und nachdem die Blase mit der Hand komprimirt und die Mündung derselben in ein mit Wasser gefülltes Gefäss getaucht wurde, hört man mit dem Drucke auf, wodurch sich die Blase durch Einsaugen der Flüssigkeit füllt.

Die Nachtheile sind, dass die Anfüllung der Blase nie eine vollständige sein kann. Man wird deshalb beim Ausdrücken derselben immer nur eine geringe Menge von Flüssigkeit in die Vagina bringen. Ferner ist der Strahl ein sehr geringer und der Apparat für seine geringe Verwendbarkeit viel zu theuer.

Breit's Doucheapparat.

Besteht aus einem 2″ langen Kniecylinder aus Zinn, in welchem sich 2 Kugelventile bewegen. Er wird an eine gewöhnliche Klystierspritze angeschraubt. Carl Braun[1]) sagt von diesem Apparate, dass er mehr leistet als die complicirten von Eguisier, Lehoday und Schnakkenberg.

Schnakkenberg's Sphenosiphon[2]).

Blieb wegen seiner Unbrauchbarkeit seit seiner Bekanntwerdung ohne Anwendung.

Lehoday's Apparat.

Lehoday's Clysolëide ist eine Spritze, in welcher der Stempel nicht durch Druck der Hand sondern durch einen am oberen Ende in einer Schraubenmutter laufenden schraubenähnlichen Stiel vorbewegt wird. Dieser Apparat ist wenig in Gebrauch.

Der Wiener Doucheapparat.

Hat in diesem Augenblicke kaum mehr als ein historisches Interesse. Cessner beschreibt ihn folgenderweise: Der Doucheapparat, welcher früher auf der geburtshilflichen Klinik verwendet wurde, besitzt den Vorzug, dass er leicht von einer Stelle auf die andere getragen werden und dass die Kranke während der Doucheapplication im Bette liegen oder auf einem Stuhle sitzen kann, weil die eingespritzte Flüssigkeit durch ein

---

1) Braun, C. R., Lehrb d. Geb. Wien 1857, pag. 740
2) Schnakkenberg über dessen Sphenosiphon de partu praematuro art. Marb. 1831.

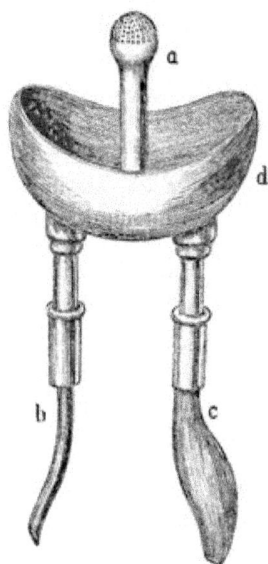

zweites Rohr aus der Scheide in ein nebenstehendes Gefäss geleitet wird. Dieser Apparat hat jedoch den Nachtheil, dass die Flüssigkeit nicht durch längere Zeit in einem gleichmässigen Strome, sondern absatzweise eindringt. Er besteht aus einer Spritze mit verschiedenen Absatzröhren und aus einer Muschel von Kautschuk mit einem elastischen Ableitungsrohre. Die Spritze, ähnlich einer Spritze zum Selbstclystieren ist von Zinn und besitzt am vorderen Ende ein kurzes dickes Absatzrohr, mittelst dessen sie in ein Gefäss mit Wasser senkrecht gestellt aus diesem die Flüssigkeit einsaugt. Auf der Oeffnung dieses Rohres liegt innen eine grössere Bleikugel, welche das Einsaugen der Flüssigkeit gestattet, aber beim Entleeren sich vor die Mündung legt und das Austreten der Flüssigkeit durch dieselbe Oeffnung hindert. Seitlich befindet sich ein zweites zinnernes Ansatzrohr, durch welches die Flüssigkeit ausgespritzt wird. An dieses Rohr wird eine lange elastische Röhre (b) befestigt, welche am Ende ein ungefähr 4″ langes conisches Rohr von Kautschuk (a) besitzt. Die Muschel (d) welche die ganze Schamspalte zu umschliessen vermag, besitzt an ihrem Boden zwei Löcher, an deren einem eine lange elastische Röhre (c) befestigt ist. Bei der Anwendung wird die Muschel an die Schamspalte gebracht, durch ihre freie Oeffnung hindurch das Ende (a) des elastischen Spritzrohres (b) in die Scheide geführt und die Flüssigkeit eingespritzt, welche aus der Muschel in das zweite elastische Rohr (c) abgeleitet wird, ohne die Lagerungsstätte der Kranken zu durchnässen.

Dieser Apparat wurde selbst auf der Wiener geburtshülflichen Klinik bald ausser Gebrauch gesetzt. Die Ursache lag darin, weil man zu geburtshilflichem Zwecke Apparate mit continuirlichem Strahle vorzog; ferner weil die Patientinnen dessen

Anwendung nur mit grossem Widerwillen zuliessen, da es hiezu
dreier Personen bedurfte.

Leiter's Apparat

In einem cylinderförmigen Gehäuse aus Metall Figur I a ist
ein Gummischlauch b an die vertikale Wand gelegt, dessen Enden in zwei am Gehäuse angebrachte Röhren c c' einmünden,
und darin mittelst eines Ansatzstückes aus Hartkautschuk Fig. II
mit vorspringendem Rande o befestigt sind, damit der Schlauch
weder aus dem Gehäuse herausgedrückt noch hineingezerrt werden kann, und zwar werden die Schlauchenden durch die Röhren c c' herausgezogen, die Ansatzstücke in die Schlauchenden

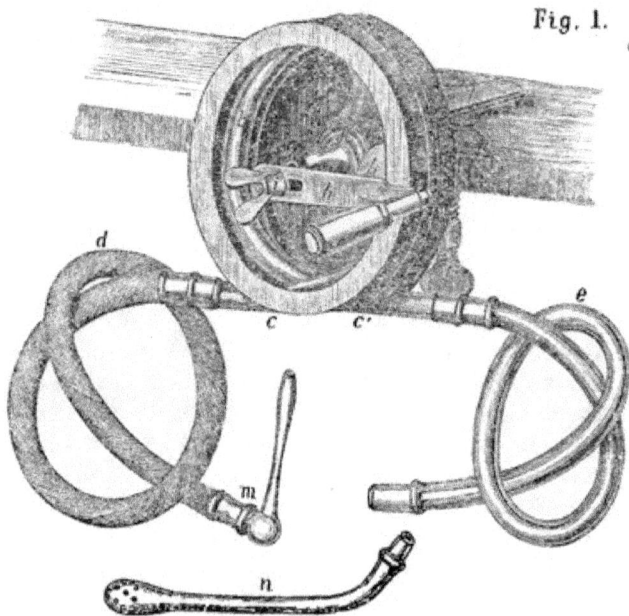

Fig. 1.

Fig. 2.

hineingeschoben und befestiget Fig. II sodann aber wieder bis an den vorspringenden Rand in die Röhren c c' geschoben.

Die Röhren c c' sind mit Gewinden versehen, an welches jedes ein elastischer, an einem Ende mit einer Schraubenmutter versehener Schlauch angeschraubt wird, so, dass die Schraubenmutter des Schlauches den vorspringenden Rand des in die Röhren c c' zurückgedrängten Ansatzstückes Fig. II o vollkommen deckt und an die Röhren c c' drückt.

Der an seinem unteren Ende mit einem Siebe versehene Schlauch e dient als Saugschlauch, der andere, an seinem unteren Ende nach dem jeweiligen Zwecke mit einem After- oder Scheidenrohr m n versehene Schlauch d dient als Spritzschlauch.

Aus dem Mittelpunkte des Gehäusebodens f ragt ein centrisch durchbohrter Zapfen g, in welchem eine mit dem Boden des Gehäuses verbundene Achse sich dreht, an deren oberem Ende eine Kurbel h mit abschraubbarem Griffe fixirt ist.

An diese Kurbel ist wieder eine um ihre eigene Achse drehbare, den Schlauch pressende Walze k angebracht.

Wird nun die Kurbel in Bewegung versetzt und das Saugrohr in eine Flüssigkeit getaucht, so wird zuerst die im Schlauche befindliche Luft, sodann die selbstverständlicher Weise aufgesogene Flüssigkeit in einem continuirlichen Strahle hinausgepresst, und zwar desto kräftiger, je rascher man dreht.

Die Effectuirung eines continuirlichen Strahles erfolgt dadurch, dass der Druck der Walze auf den im Gehäuse befindlichen Schlauch keine Unterbrechung erleidet, indem die beiden Enden dieses Schlauches im Gehäuse sich nebeneinanderliegend kreuzen und durch die engere Oeffnung des Klystier- oder Mutterrohres im Augenblicke weniger Flüssigkeit ausspritzt als in den Spritzschlauch hineingepresst wurde.

Um zu verhüten, dass der Gummischlauch im Gehäuse während des Nichtgebrauchs der Pumpe an einer Stelle durch die Walze längere Zeit hindurch gepresst bleibe und nicht etwa daselbst geknickt werde, ist die Kurbel an ihrem Fixirungspunkte mit einem Schlitze versehen, so dass die Walze, sobald die die Kurbel fixirende Schraube i etwas zurückgedreht wird, auf den Schlauch zu pressen aufhört.

An der Rückwand des Gehäuses befindet sich eine Schraubenmutter, in die eine Klemmzwinge l hineinpasst, mittelst der man den Apparat an beliebiger Stelle befestigen kann.

Der ganze zerlegbare Apparat wird in einer Metallkapsel, die zugleich als Flüssigkeitsbehälter dienen kann, verwahrt.

Schon nach dem Durchlesen dieser Beschreibung dürfte es wohl Jedermann einleuchten, dass diese soartig construirten Pumpen eine Menge Vortheile bieten, welche keine der bereits bekannten zu Heilzwecken verwendeten Spritzen und Douchen gewähren.

Die wesentlichsten Vorzüge der vorbeschriebenen Apparate sind jedoch folgende:

1) Dass man mittelst derselben alle selbst ätzende Flüssigkeiten, Lapislösungen etc. einspritzen kann, ohne dass der Apparat angegriffen wird, ohne alle Gefahr, dass irgendwelche unauspumpbare Flüssigkeitsreste in demselben zurückbleiben oder aufgesogen werden, ja selbst ohne dem schädlichen Einflusse des Oxydationsprozesses ausgesetzt zu sein, da die eingespritzte Flüssigkeit mit keinem Metalle in Berührung kommt.

2) Dass keinerlei Ventile oder Stempelkolben thätig sind, die sich bei der geringsten Veranlassung als unwirksam erweisen.

3) Weder Oel, noch Fett, noch andere Schmiermittel nöthig sind.

4) Wie schon erwähnt der continuirliche Strahl je nach der Raschheit des Drehens der Kurbel regulirbar ist.

5) Eine eingepumpte Flüssigkeit sogleich wieder ausgepumpt werden kann, indem man nur in entgegengesetzter Richtung zu drehen braucht.

6) Dass der Apparat während seiner Anwendung nicht das geringste Geräusch verursacht, und selbst von den schwächsten im Bette liegenden Personen ohne Kraftanstrengung in Bewegung versetzt werden kann.

7) Dass sämmtliche Montirungs-Gegenstände, das Mutter und das Afterrohr aus Hartkautschuk sind, einem Materiale, welches anerkannter Maassen selbst bei oberflächlicher Reinigung der Aufnahme von Krankheits- und Ansteckungsstoffen trotzt und daher vor Uebertragung derselben Schutz bietet.

8) Diese Apparate selbst zur künstlichen Ernährung verwendet werden können.

9) Mittelst derselben nicht nur Flüssigkeiten, sondern erforderlichen Falls auch Luft ein- und ausgepumpt werden kann, dass endlich

10) Für den Fall, als nach langem Gebrauche der Pumpe
oder aus irgend einem anderen zufälligen Grunde der im Gehäuse befindliche Schlauch zu Grunde gehen sollte, Jedermann
einen anderen allerorts leicht acquirirbaren Schlauch selbst ein-
ziehen, und für den Fall, als ein anderer Bestandtheil der Spritze
schadhaft geworden wäre, dieser schadhafte Bestandtheil von
jedem selbst dem mittelmässigsten Klempner oder Drechsler re-
parirt werden kann.

Anleitung

in welcher Art man am zweckmässigsten bei der Zusammen-
stellung des zerlegten Apparates vorgeht:

Zuerst schraube man die Klemmzwinge an das Gehäuse,
sodann die Schläuche an die betreffenden, am Gehäuse vorspringenden, mit Gewinden versehenen Röhren luftdicht an.
Hierauf befestige man den Apparat an einem Tische, Bette etc.,
schraube den Kurbelgriff an den Kurbelhebel und fixire die Kurbel derart, dass die Rolle den Schlauch presst. — Erst jetzt
senke man den Saugschlauch in die zum Einspritzen bestimmte
Flüssigkeit und versehe den Spritzschlauch je nach dem Zwecke
mit dem Mutter- oder Afterrohr.

Uterusdouchen mit permanentem Strahle.

Kiwisch's Uterusdouche.

Kiwisch hat im Jahre 1847 den durch die Zeichnung hier ersichtlichen Apparat zur Erweckung der Frühgeburt empfohlen. Dieser Apparat fand seitdem auch in der gynäkologischen Praxis eine sehr ausgedehnte Anwendung. Sein ursprünglicher Apparat ist ein Blechkasten 1 C' Rauminhalt, welcher mit einem 1½ Klafter langen blechernen Rohre in Verbindung steht. An letzterem ist ein Schlauch von vulkanisirtem Kautschuk angebracht und dieser endigt mit einem kugelförmigen zinnernen Mutterrohre. Der Apparat ist an eine Wand in einer Höhe von 9' angeschraubt. Am Blechrohre befindet sich ein Hahn, um dasselbe schliessen zu können. An der Seite des Apparates steht eine Leiter, um denselben, sobald er leer wird, wieder anfüllen zu können. Nachdem der Apparat gefüllt und der Hahn geöffnet worden ist, wird das Mutterrohr in die Vagina eingeführt. Während dieser Manipulation sitzt die Kranke in einem hölzernen Gefässe, in welchem sich das ausfliessende Wasser ansammelt.

Dieser Apparat eignet sich, nach Braun[1]), für gynäkologische Zwecke mehr, als für geburtshülfliche, und ist nur desshalb unbequem, weil man oft neue Flüssigkeit zuführen muss. Die Wirkung ist übrigens eine gleichförmige; man weiss genau, mit welcher Gewalt die Flüssigkeit in die Scheide strömt, was bei allen Pumpwerken nicht so leicht ermessen werden kann.

Man hat diesen Apparat Kiwisch's zweckmässiger und transportabler zu machen gesucht, indem man ihn von Kautschuk verfertigte. Diese Verbesserung ist allerdings eine sehr wesent-

---

1) Braun, Gynäkol. Vorles. Allgem Wiener Med. Zeitung 1857 Nr.32, p 164.

liche, aber kostspielige. Einfacher ist es ihn aus wasserdichtem
Segeltuche und das Rohr ebenfalls von demselben Stoffe an-
fertigen zu lassen. In diesem Zustande eignet er sich vortrefflich für Spitäler, namentlich für syphilitische Abtheilungen.

Einen billigen Doucheapparat nach Kiwisch gewinnt man
auch dadurch, wenn man ihn von Leder verfertigen lässt. In
diesem Falle wird er nicht an eine Wand befestigt, sondern an
einen Haken der Zimmerdecke, wo man sonst eine Lampe an-
zubringen pflegt, oder man lässt den Apparat mittelst einer
Schnur zu einer beliebigen Höhe hinaufziehen. Je höher man ihn
hinaufzieht, desto kräftiger wird die Wirkung des Wasserstrahles.

Grenser machte den Apparat dadurch wirksamer, dass er
ein gewöhnliches Ansatzrohr aus Zinn anstatt mit einer mehr-
fach durchbohrten, mit einer bloss einfach durchbohrten Olive
versehen liess. Für die geburtshilfliche Praxis ist dieses von
Wichtigkeit, weil sonst leicht die Eihäute in grösserem oder ge-
ringerem Umfange losgelöst werden und Abortus hervorgerufen
werden kann. Geschieht diess nicht, so vergehen oft Tage, ehe
die Wehenthätigkeit erwacht.

Ueber Methode und Anwendung dieses Apparates zur Erweckung der Frühgeburt sagt Braun [1]: „Im Durchschnitte be-
ginnt auf die 3. — 4. Session die Wehenthätigkeit und bleibt
dann im regelmässigen Gange.

Durch das einströmende Wasser wird das Scheidengewölbe
ballonähnlich ausgedehnt und es ist während und kurze Zeit
nach einer Session nicht möglich, die Vaginalportion zu erreichen.
Wir glauben daher, dass ausser der Erweichung und Vorbereitung der Genitalien, ausser der Erschütterung, ausser der hervorgerufenen Hyperämie der Genitalien, auch das Eindringen des Wassers in die Uterushöhle, die Reizung und namhafte Ausdehnung
des Scheidengewölbes das rasche Erwachen der Wehen bedingen.

Die Temperatur der injicirten Flüssigkeit ist strenge zu
berücksichtigen. Nimmt man warmes Wasser von 30 — 34° R.
so wird dadurch die Scheide verbrüht, in den nächsten Stunden
sehr schmerzhaft und lässt arge Besorgnisse zu. Nimmt man
aber kaltes Wasser unter 20° R., so ist es für die Patientinnen zu
lästig, und sie unterbrechen unwillig die Session. Uns indess ist
Aehnliches noch niemals aufgefallen.

Wir halten eine Temperatur des einströmenden Wasserstrah-

---

[1] Braun, Lehrb. d. Geb. Wien 1857, pag. 740. ff.

les von 22 — 28° R. für diejenige, welche die besten Aussichten
für die Gesundheit der Mutter und des Kindes zulässt.

Kiwisch empfahl bei torpiden Individuen den aufsteigenden
Wasserstrahl stetig gegen den Muttermund zu richten. Wir er-
lauben uns hier die Bemerkung, dass dieses nur so lange statt-
haft ist, als der Muttermund geschlossen und der Mutterhals eng
und lang ist. Tritt aber eine Eröffnung des Muttermundes ein,
oder sind gar die Eihäute schon zugänglich, so ist es empfeh-
lenswerth, die Douche nur in einem 10 – 20fach getheilten Strahl,
durch eine vielfach durchbohrte Olive eintreten zu lassen; denn
der mit Gewalt einströmende einfache Wasserstrahl dringt bei
einem offenen Muttermund zwischen dem Chorion und der Decidua, oder zwischen dieser und der Uteruswand, bis zum Ge-
bärmuttergrunde, löst die Eihäute in einem sehr weiten Umfange
und ruft bisweilen die heftigsten Zustände, wie: Schüttelfröste,
plötzliches Erbrechen, Fieber, Ohnmachten, und eine stürmische
Besorgniss erregende Wehenthätigkeit hervor.

Würde aber das Mutterrohr bei einem kräftig wirkenden
Doucheapparat sogar aus Unvorsichtigkeit in den Mutterhals geschoben und dadurch das Wasser in der Uterushöhle gestaut
werden, so ist es nicht zu bezweifeln, dass das einströmende
Wasser auch durch die Tuben in die Bauchhöhle austrete und
eine tödtliche Peritonitis veranlassen könnte.

Werden alle diese Umstände genau berücksichtigt, und das
Verfahren durch zu häufige und zu lange Sessionen nicht präci-
pitirt, so hat diese Methode sehr gute Resultate, besonders bei
Beckenverengerungen aufzuweisen, und sie wird sich in Zukunft
ein noch immer ausgebreiteteres Terrain erringen.

Bei den wegen Lebensgefahr der Mutter angezeigten Früh-
geburten steht sie manch anderer Methode nach.

Die vielseitige Verwendbarkeit der Uterusdouche bei pathologischen Zuständen, während der Geburt und bei vielen Frauenkrankheiten im engeren Sinne bleibt ein sehr achtbarer Denk-
stein des leider für die Wissenschaft zu früh verblichenen Ent-
deckers der Metrocatochysis.

Der Fischhof'sche Apparat.

Dieser von Dr. Fischhof im Jahre 1847 ersonnene Apparat
wurde von ihm aus dem Grunde construirt, weil damals ausser
dem Kiwisch'schen nur noch der kleine Eguisier'sche Irri-

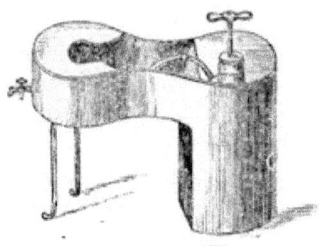

gateur und schwache Clysopompe's bekannt waren. Da der Kiwisch'sche Apparat ihm für Spezialzwecke wegen der Schwierigkeit der Füllung, wegen der häufigen Schadhaftwerdung des bleiernen Abflussrohres wenig praktisch und für die Privatpraxis gänzlich unanwendbar erschien, so ersann er diesen portativen Doucheapparat. Er wählte hiezu die Form eines Bidets, da diese den Frauen bekannt war, um die Popularisirung seines Apparates zu erleichtern. An der vorderen Seite des Bidets brachte er ein mehrere Mass Wasser fassendes Reservoir an, aus welchem durch eine darin befindliche Pumpe mit Windkessel die Flüssigkeit durch ein elastisches Ansatzrohr in die zweite Hälfte des Bidet's, welches das Becken bildet, gedrängt werden konnte; damit das Wasser in diesem Becken nicht überfliessen könne, ist am Boden der hinteren Wand des Bidets eine mit einem Hahn versehene Pippe befestigt, wodurch das Wasser beliebig abgelassen werden kann. Am hinteren oberen Rande des Bidet's ist ein kleiner Sitz angebracht, der nach vorn halbmondförmig ausgeschnitten ist, damit die darauf rücklings sitzende Patientin das an das elastische Rohr befestigte Mutterrohr mit Bequemlichkeit in die Vagina einführen könne.

Die Pumpe kann von der Patientin selbst mit Leichtigkeit in Bewegung gesetzt und von ihr nach Belieben ein stärkerer oder schwächerer Strahl erzeugt werden. Der Strahl ist ein continuirlicher aber ungleichmässiger, und dieses Umstandes wegen fand ihn Prof. Bartsch nicht anwendbar. Hierauf construirte Fischhof seinen Apparat, indem er nach Art der Feuerspritzen eine Doppelpumpe mit Windkessel anbrachte, wodurch ein continuirlicher und gleichmässiger Strahl erzielt werden konnte. Zur grösseren Bequemlichkeit der Patientin ward am Bidet eine Rückenlehne angebracht und da der Kolben nicht wie bei dem anderen Apparate durch die Patientin selbst in Bewegung gesetzt werden

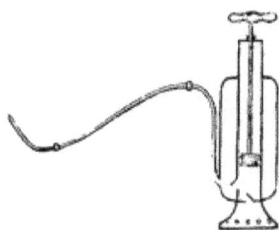

konnte, selber mit einem Hebelarme verbunden, welcher durch
eine dritte Person in Bewegung gebracht werden sollte.

Chiari[1]) schildert den ersten Apparat folgendermassen:
„Anstatt des von Prof. Kiwisch angegebenen Doucheapparates bediene ich mich der von Dr. Fischhof ausgedachten
Uterusdouche. Diese besteht aus einem Wasserbehälter, in welchem sich ein Pumpapparat mit einem Windkessel befindet, an
dessen elastischem Ausflussrohr ein Mutterrohr befestigt wird.
Mit diesem Wasserbehälter steht ein Sitz in Verbindung, auf
welchem die Patientin sitzend im Nothfalle selbst die Pumpe in
Bewegung setzen kann. Der dadurch bedingte Wasserstrahl ist
ununterbrochen und erreicht eine Höhe von 10—12 Fuss. Dieser
starken Triebkraft schreibe ich es zu, dass es mir gelang, nach
1—4maliger Anwendung die Geburtsthätigkeit zu wecken. Wenn
auch dieses Forciren bei Indication durch Beckenenge unnütz
erscheint, so ist es ebenso bei Indication durch dringende Gefahr der Schwangeren von grosser Wichtigkeit, die Frühgeburt so schnell als möglich einzuleiten. Denke man nur an die
Indicationen der künstlichen Frühgeburt, bei Erstickungsgefahr
der Schwangeren durch pleuritische Exsudate.

Seine Vortheile bestehen darin, dass der Apparat trans-
portabel ist, dass man eine bedeutende Menge reiner und immer
frischer Flüssigkeiten durch denselben in die Vagina leiten kann
und es möglich ist, durch den rückwärts angebrachten Hahn in
das Abflussbecken das angesammelte Wasser rasch zu entfer-
nen; dass die Patientin ihrem Gefühle nach durch stärkere oder
schwächere Pumpbewegungen die Stärke des Strahles der Er-
tragsfähigkeit der gedeuschten Theile anpassen kann, dass er sowohl im Spital als auch in der Privatpraxis leicht Anwendung
findet. Chiari bemerkt hiezu noch; seine Nachtheile sind:

Der für ärmere Kranke zu empfindliche Preis desselben und
der doch zu schwerfällige Transport auf Reisen oder für Accou-
cheure, deren Landpraxis sich in einer grösseren Region bewegt.

Chiari modificirte diesen Apparat, indem er an demselben
statt des tiefen Reservoirs ein seichtes anbrachte, dessen Boden
in gleichem Niveau mit dem der zweiten, das Sammelbecken

---

1) Chiari, Bericht über künstl. Frühgeb. mittelst der warmen Uterusdouche, Zeitschrift der k. k. Gesellschaft der Aerzte, 7. Jahrg. II. Bd.
pag. 364.

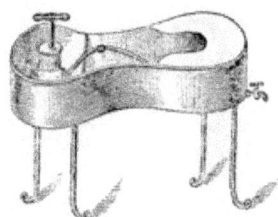

des abfliessenden Wassers bildenden Hälfte des Bidet's liegt. Der Pumpapparat jedoch blieb so, wie ihn Dr. Fischhof construirte. Da bei der geringen Menge von im Reservoir aufgenommenen Wassers der Vorrath desselben in kürzester Zeit erschöpft sein musste, so liess er in der die beiden Hälften des Apparates quer schneidenden Wand nach unten eine kreisrunde Oeffnung anbringen, wodurch das aus der Vagina zurückfliessende Wasser wieder in das Reservoir sich ergoss und von Neuem eingepumpt werden konnte.

Seine Vortheile sind, dass er bei Erfüllung des Zweckes billiger und bei der Landpraxis transportabler ist, indem auch die Füsse abzunehmen und leicht wieder einzupassen sind.

Die Nachtheile bestehen darin, dass das aus der Scheide abfliessende Wasser immer wieder aufs Neue in dieselbe eingeführt wird, was bei heftigen Leucorrhöen, Blutflüssen und vorzüglich bei Fluor albus malignus nicht ganz ohne Nachtheile ist; dass ferner die Temperatur des eingepumpten Wassers bei längerer Dauer der Einspritzung alterirt wird, so dass warmes Wasser inzwischen kühl und kaltes Wasser durch Contakt mit den Vaginalwänden lau wird.

Der Braun'sche Apparat.

Prof. C. Braun[1]) hat diesen seinen jetzt in der gynäkologischen Praxis so häufig angewendeten Apparat (Colpantlon)[2]) ursprünglich zur Erweckung der künstlichen Frühgeburt benützt. Dieser vorzügliche Apparat[3]) besteht aus einem Blechcylinder von 8″ Höhe und 4″ Breite, der einen Windkessel, einen Stiefel, einen undurchborten Stempel und zwei Ventile aufnimmt, aus einer Handhabe zur Befestigung an irgend ein Wassergefäss und aus einem

---

1) Colpeuryse zur Erweckung der künstlichen Frühgeburt. Klinik für Geburtshülfe von Chiari, Braun und Späth 1855 pag. 141. Erlangen bei Enke.

2) Ἀντλόν, τὸ, Pumpe.

3) Braun's Colpantlon in dessen Lehrb. der Geburth. pag. 738.

zwei Fuss langen Kaut-
schukschlauche, an dem ein
zinnernes mit einer einfach
durchbohrten Olive ver-
sehenes Mutterrohr ange-
steckt wird. Beim Ge-
brauche wird das Pump-
rohr an die Wand eines
Holzgefässes angeschraubt
und mit einer Hand sehr
leicht bewegt, wodurch
ein continuirlicher Wasserstrahl von 3 – 4''' Dicke
mehrere Klafter weit ge-
worfen wird. Beim Heben
des 2'' breiten Stempels
öffnet sich ein Ventil aus
Messing in dem Stiefel und das Wasser strömt in den cylindri-
schen Hohlraum desselben. Beim Senken des Stempels schliesst
sich das horizontal liegende Ventil des Stiefels und das Wasser
desselben wird durch ein zweites seitlich vertical stehendes in
den Windkessel sich öffnendes Ventil in den Hohlraum des den
Stiefel in seiner ganzen Länge umfassenden Windkessels gebracht, die Luft wird hier comprimirt, und nach ihrer Verdichtung
bis zu einem gewissen Grade das überschüssige Wasser durch
das Rohr ausgestossen. Durch das abwechselnde Heben und
Senken des Stempels, durch das wechselnde Oeffnen und Schliessen beider Ventile, sowie durch die Elastizität der comprimirten
Luft wird ein continuirlich ausströmender Wasserstrahl erzeugt.
Das benutzte Wasser kann wieder in das Holzgefäss aufgefan-
gen werden, weshalb dieser Doucheapparat mit einigen Mass
Wasser durch eine beliebig lange Zeit in Thätigkeit erhalten
werden kann und sehr geringe Unbequemlichkeiten in der Privatpraxis veranlasst.

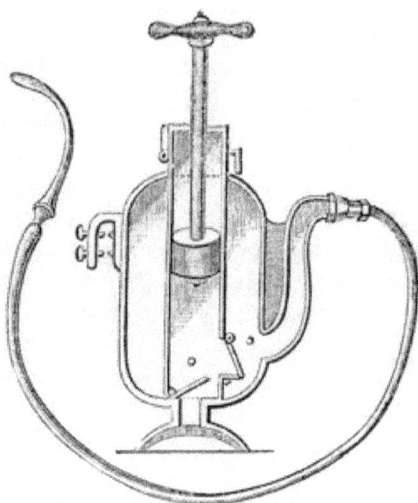

Durch ihre leichte Anwendbarkeit, durch ihre Compendiosität hat sich die Braun'sche Douche trotz ihres nicht sehr billigen Preises ausschliesslichen Eingang in der gynäkologischen
Praxis verschafft und ist besonders da allen Andern vorzu-
ziehen, wo es sich um Anwendung eines kräftigen starken
Strahles handelt.

Eine glückliche Com-
bination, die sich durch
ihre leichte und den Frauen
sehr angenehme Anwend-
karkeit empfiehlt ist dieser hier anschaulich ge-
machte Apparat, den ich
seit vielen Jahren anwende
und der sich mir in zahl-
reichen Fällen bewährte.

Ich liess, wie die vorstehende Abbildung zeigt in die vordere
Wand einer gewöhnlichen Sitzbadwanne den Braun'schen
Doucheapparat anbringen und es ist durch diese Vorrichtung
möglich, dass die Kranken während ihres Verweilens im Sitz-
bade sogleich die Uterusdouche in Anwendung ziehen. Der Sitz-
schemmel ist hier zum Behufe einer bequemen Position der Patientin angebracht und ist auch ein Erforderniss zur leichteren
Einführung des Mutterrohres.

Der Scanzoni-Richter'sche Doucheapparat.

Scanzoni hat für jene Fälle, wo ein schwacher, aber doch

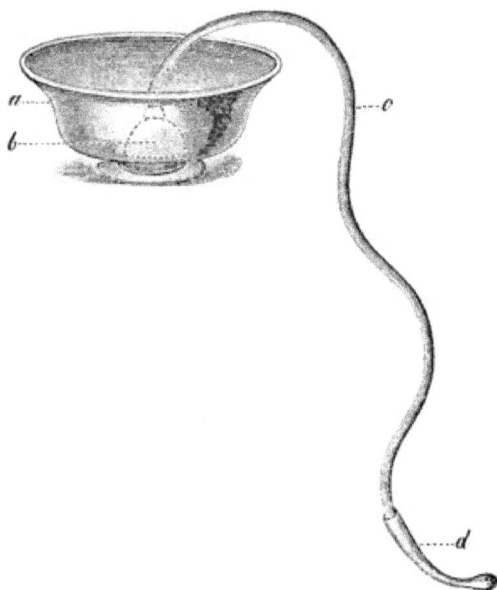

continuirlicher Strahl wünschenswerth erscheint, wo es sich um Zwecke der Reinlichkeit oder der Anwendung von Arzneimitteln in der Vagina handelt, einen Apparat[1]) angegeben, der geistreich ersonnen von dem berühmten Gynäkologen in zahlreichen Fällen als vollkommen praktisch brauchbar gefunden wurde.

Es besteht derselbe aus einer ausgehöhlten Halbkugel von Blei, an deren obersten Punkte sich eine Oeffnung befindet, in welche ein 3' langes an dem anderen Ende mit einem Ansatze von Horn versehenes elastisches Rohr eingepasst ist. Diese Halbkugel, deren Rand einige seichte Einschnitte besitzt, wird in ein mit der zu injicirenden Flüssigkeit gefülltes Gefäss, welches auf einen Tisch hingestellt ist, eingesenkt. Die vor dem Gefässe auf einem Stuhle sitzende Kranke steckt an den oben erwähnten Ansatz von Horn eine kleine Spritze aus Zinn, durch welche mittelst des Zurückziehens des Stempels die Flüssigkeit in das elastische Rohr eingesogen wird, worauf die Spritze entfernt und statt ihrer ein passendes gekrümmtes Mutterrohr an den mehrerwähnten Hornansatz angesteckt und in die Vagina eingeschoben wird. Obgleich es jedem mit den Gesetzen der Hebewirkung Vertrauten bekannt ist, dass die Ausflussöffnung des Hebers im Augenblicke des Saugens tiefer stehen muss als das andere Ende des Hebers, so wollen wir hier doch besonders hervorheben, dass es gut ist, wenn man die Kranken, welche sich dieses Apparates bedienen sollen, auf diesen Umstand besonders aufmerksam macht.

Indem Scanzoni seinen Apparat einer Kritik unterwirft, sagt er[2]): „Diese von uns oft erprobte Vorrichtung ist wenig kostspielig, leicht portativ, nimmt keinen grossen Raum ein, kann von der Kranken ohne Zuhülfenahme einer zweiten Person in Anwendung gebracht werden und bietet auch noch den Vortheil, dass sie nicht so wie die übrigen complicirten Injektionsapparate häufigen Reparaturen unterzogen werden muss."

Bei allen Vorzügen die dieser Apparat besitzt, lässt es sich jedoch nicht läugnen, dass ihm Nachtheile eigen sind, die die praktische Anwendbarkeit desselben beschränken und in vielen Fällen störend einwirken.

Dr. M. Richter in Wien, Chef des Sanitätsdienstes der

---

1) Scanzoni, Krankh. der weibl. Sexualorg. pag. 48.
2) l. c. pag. 49.

k. k. Südbahn, hat von dem Prinzipe des Scanzoni'schen Apparates ausgehend an dem letzteren einige wesentliche Aenderungen angebracht, welche dem Apparate erst seinen rechten Werth verleihen.

Die Nachtheile des Scanzoni'schen Apparates sind nämlich folgende:

Nachdem die Kraft des Strahles von der Höhe der Wassersäule abhängt, so ist ein 3′ langes Rohr nicht hinreichend.

Ist das Lumen des Schlauches zu enge damit der Strahl· stärker sei, muss auch die Lichtung des Rohres eine grössere sein.

Die Anwendung der Clystirspritze oder gar des Mundes zum Ausziehen der Luft ist unpraktisch, weil unangenehm oder complicirt.

Ist ein rundes Gefäss, wie es Scanzoni angibt und abbildet, nicht zweckentsprechend, weil der nach unten abgehende, mit Wasser gefüllte elastische Schlauch sich am scharfen Rande des Gefässes knickt und die Continuität des Wasserabflusses hierdurch gestört wird.

Ist das Wasser einmal im Flusse, so kann der Strom nicht mehr unterbrochen werden, was mitunter durch äussere Verhältnisse wünschenswerth erscheint.

Durch wesentliche Modificationen hat nun Richter allen diesen Uebelständen abgeholfen und erst durch diese Veränderung ist dieser Apparat ein unter allen Verhältnissen anwendbarer geworden. Er hat sich in unzähligen Fällen bewährt und wird wegen seiner Compendiosität und bequemen Anwendung selbst auf Reisen von den Damen sehr gerne gewählt. Die Verbesserungen Richter's beziehen sich auf folgende Punkte:

Statt eines 3′ langen elastischen Rohres verwendet er einen 6′ langen Schlauch mit doppelt grösserer Lichtung.

Statt des scharfrandigen etwas seichten Gefässes, wie es Scanzoni abbildet, verwendet Richter einen tiefen Topf, von dessen Rande unmittelbar ein breiter Henkel abgeht, auf welchem der gefüllte elastische Schlauch ruht, wodurch jeder etwaigen Knickung vorgebeugt wird[1]).

Unmittelbar vor dem Ende des Schlauches befindet sich eine Pippe von Messing, vermittelst welcher es möglich ist, dass man den Wasserstrahl momentan abschliessen oder durch Drehen des Hahnes in Viertel- oder Halbkreisen mit grösserer oder geringerer Kraft in geringerer Stärke spielen lassen kann.

Um dem lästigen Saugen oder der complicirten Anwendung der Clystierspritze zur Herstellung der Heberwirkung, wie sie der Scanzoni'sche Apparat erfordert, auszuweichen, gibt Richter folgende Methode an: Glocke und Pippe werden in einer Hand in gleichem Niveau gehalten und nun der Schlauch durch die Glocke bei geöffnetem Hahne um das Entweichen der Luft zu ermöglichen, mit Wasser gefüllt. Ist die Luft durch den offenen Hahn entwichen, und das Wasser an demselben angelangt, so wird die Pippe geschlossen, die Glocke vollends gefüllt und nun unter dem Wasserspiegel des Topfes umgestürzt und auf den Boden desselben gestellt. Die Kranke setzt sich....

Wir wundern uns, dass Scanzoni noch in der letzten Auflage seines vortrefflichen Werkes dieser wesentlichen Verbesserungen seines Apparates durch Dr. Richter[2] noch nicht Erwähnung thut, und wir können für diese Unterlassung keinen andern Grund finden, als dass die Richter'schen Verbesserungen seines Apparates bis heute nicht zur Kenntniss des berühmten Würzburger Professors gelangten.

Wir wiederholen, dass der Richter'sche Apparat uns in einer ausgebreiteten Praxis in unserer Eigenschaft als Badearzt in einem besonders von Frauen stark besuchten Bade nie im Stiche liess. Wir sind während jeder Saison in der Lage, ihn wenigstens einige hundert Mal mit den vortrefflichsten Erfolgen anzuwenden.

E. Sinclair's Apparat.

In „the Dublin quarterly Journal" (1854 Febr. p. 240) finden wir eine Schilderung dieses, wir möchten sagen complicir-

---

1) Ich benütze zu diesem Zwecke Töpfe, deren Henkel rinnenartig vertieft sind, wodurch das Abgleiten des Rohres nach einer oder der anderen Seite verhindert wird.

2) Siehe Zeitschrift für praktische Heilkunde 1859. Nr. 29, p. 501.

testen Apparates. Man findet auf
den ersten Blick, dass dieser Apparat eine Combination sämmt-
licher bis dahin in Gebrauch
gewesener Doucheapparate ist.
Schon sein hoher Preis stand
seiner weiteren Verbreitung hin-
dernd im Wege und er hat
auch wirklich in der Praxis
eine sehr kleine Rolle gespielt.
Der Apparat beruht auf dem
Princip der Heberwirkung mit
permanentem Strahle und besteht, wie die beifolgende Abbildung zeigt, aus zwei in einem
spitzen Winkel gegen einander
geneigten Cylindern von gleichem Inhalte und gleicher Lichtung, deren oberes Ende in
eine faustgrosse Halbkugel mün-
det. Diese Kugel steht mit dem
Rohre durch 6 dünne, nach
aussen convexe, mehrere Zoll
lange Röhrchen in Verbin-
dung; das lange Rohr ist nahe
seiner Verbindungsstelle mit
den convexen Röhrchen mit einem metalleuen Hahne versehen.
Am unteren Ende beider Cylinder werden zwei gleiche einem
Mutterrohre ähnliche Röhren angeschraubt, die in ein mit Wasser gefülltes Behältniss gebracht werden.

Der Apparat wird folgendermassen gebraucht:

Es werden die zwei Cylinder mit Wasser gefüllt, der Hahn
gesperrt, das vordere Rohr mit einem Mutterrohr versehen und
in die Vagina gebracht. Nun werden die zwei kleinen Röhren
in ein mit Wasser gefülltes Behältniss gesenkt und die Pipette
geöffnet. So lange diese zwei Mutterröhren unter Wasser sind,
wird dieses durch Heberwirkung abfliessen.

F. Eguisier's Irrigateur[1]).

Mit der Prüfung dieses Apparates wurden von der Akademie der Medicin in Paris die Herrn Drr. Renauldin, Langhier und Tillhaye betraut. Ihr Bericht, in welchem der Mechanismus des Instrumentes und die verschiedenen Gebrauchsweisen desselben beschrieben werden, schliesst mit folgenden Worten:

Der Irrigateur ist wenig oder gar nicht complicirt, arbeitet allein, ist leicht in gutem Zustande zu erhalten, endlich bequem in jeder Lage des Kranken anzuwenden. Herr Dr. Tillhaye empfiehlt daher der Akademie, dem Minister des Innern zu erklären, dass der von Dr. Eguisier erfundene Irrigateur wahrhaft nützlich und dass es daher wünschenswerth sei, denselben überall in den Hospitälern in Gebrauch zu sehen. Der Irrigateur ist überall anwendbar, wo dem Körper anhaltend Flüssigkeit zugeführt werden soll.

Seine Vorzüge sind im Allgemeinen folgende:

Der Irrigateur arbeitet allein.

Die Kraft und Stärke des Strahles kann nach Vorschrift modificirt werden.

Der Strahl kann in verschiedenen Richtungen geleitet werden.

Der Strahl ist anhaltend, regelmässig, ohne Stösse.

Die Menge der anzuwendenden Flüssigkeit ist genau abzumessen.

Oel und andere Flüssigkeiten, die leichter sind als Wasser,

---

1) Eguisier Gaz. des hôp. 1844. Nr. 82.

kann man zuerst eindringen lassen, es muss aber dann das Instrument umgekehrt gehalten werden.

Es dringt niemals Luft mit der Flüssigkeit zugleich ein.

Es eignet sich demnach der Irrigateur überhaupt zu Einspritzungen in die Vagina, die Harnblase, ins Ohr, in Eiterhöhlen, auf den Hals der Gebärmutter, in den Mastdarm etc. und vertritt er hier gleichzeitig die Stelle der Clysopompe, der verschiedenen Arten von Spritzen und Besprengungsapparaten, es ist derselbe vorzugsweise auch da zu empfehlen, wo man bei bettlägerigen Kranken ausdauernde Injectionen machen will, ohne ihnen durch Benetzen des Bettes zu schaden, wo bei obwaltender Schwäche, bei Fracturen oder hitzigen Ausschlägen, die eine Veränderung der Lage oder das Entblössen des Körpers nicht gestatten, Arzneien angewendet werden sollen, ferner wenn bei hartnäckiger Stuhlverstopfung, einer Brucheinklemmung etc. eine grosse Menge Wasser eine Zeit lang hintereinander in den Darm geschafft, endlich wo augenblicklich ein Strom auf einen Theil geleitet werden soll, z. B. um eine Blutung zu stillen etc.

Gebrauchsweise des Irrigateur's:

Man schliesst den Hahn (wenn der Schlüssel des Hahnes mit dem Schlauche in gleicher Linie steht, ist er geschlossen).

Man giesst die Flüssigkeit ein.

Man dreht den Schlüssel wie beim Aufziehen einer Uhr nach rechts, bis die Zahnstange die verlangte Quantität bezeichnet.

Bevor man sich dieses Instrumentes bedient, öffnet man ein wenig den Hahn um Wasser in den Schlauch fliessen zu lassen, damit die Luft daraus entweicht, nach dem Gebrauche nimmt man den Schlauch ab und lässt ihn abtropfen. Es ist gut, das Instrument von Zeit zu Zeit auseinander zu nehmen, es inwendig abzuwischen und etwas Schweinfett auf das Leder des Stempels zu bringen.

Sollte der Stempel nachlassen, so muss man den Deckel des Ventils vermittelst eines Messers oder einer Scheere, die man als Hebel benützt, aufmachen, es reinigen und wieder hinausstossen.

Das Auseinandernehmen des Instrumentes geschieht auf folgende Weise:

Man öffnet den Hahn, schraubt den Deckel los und hebt

den Stempel heraus; beim Zusammensetzen muss man darauf achten, dass das Leder des Stempels glatt in den Cylinder hineingeschoben wird.

Die Zahnstange ist mit Linien, die das Quantum des Inhaltes bezeichnen, versehen, und je nachdem man den Hahn ganz oder theilweise öffnet, wirkt das Instrument stärker oder schwächer.

Eine wesentliche Verbesserung der Injektionsapparate wurde durch diesen sogenannten Selfactor bewerkstelligt. Dieser Irrigateur besteht aus einem Cylinder aus Blech, in welchem ein mit einem Ventil versehener Stempel eingefügt ist. Eine am oberen Ende angebrachte Spiralfeder wird durch einen Schlüssel gespannt. Das Kammrad hat die Bestimmung, den gezähnten Stab emporzuheben. Die Flüssigkeitssäule kann dann von oben nach abwärts, nicht aber in entgegengesetzter Richtung gelangen. Der nun aufgespannte Stempel übt einen Druck auf die Flüssigkeitssäule, welche, wenn der an der Basis befindliche Hahn geöffnet ist, ohne weiteres Zuthun, je nach Beschaffenheit, Stärke und Länge der Spiralfeder in längerer oder kürzerer Zeit, mit grosser oder geringer Kraft durch ein nächst dem Halse angebrachtes Rohr ausgestossen wird.

Dieser Apparat erreicht zum Theil jene Vorzüge, welche die Apparate mit continuirlicher Strahlwirkung bieten, nämlich Stärke des Strahles und Gleichmässigkeit desselben. Er hat jedoch den unverkennbaren Nachtheil, dass nur eine geringe Menge Flüssigkeit von dem Cylinder aufgefasst wird, ferner dass das Aufziehen des Schlüssels für schwache Hände zu schwierig ist und die Feder oder selbst das Kammrad leicht beschädigt werden kann, wodurch häufige kostspielige Reparaturen nothwendig werden. Sollte der Cylinder umfangreicher construirt werden, könnte allerdings ein Strahl hervorgebracht werden, dessen Mächtigkeit mehr störende als regenerirende Wirkung hervorbrächte; denn ist bei dem verhältnissmässigen kleineren Umfange und bei der geringeren Capacität die Reizung des Strahles zu stark, so müssen sich diese in erhöhtem Grade steigern, sobald der Inhalt des Cylinders mit der Flüssigkeitssäule gesteigert wird. Wenn man Reizung der Eingeweide erzielen will, so wird sich dieser Apparat zweckmässig bewähren, wie er auch in der That als Selbstclystier mit grossem Nutzen bei Hämorrhoidalleiden und bei Trägheit der Darmfunctionen verwendet wird.

Als Doucheapparat jedoch bei Krankheiten des weiblichen Ge-
nitalsystems ist er in den meisten Fällen ein gänzlich unprak-
tisches Injektionsinstrument.

Uterusdouche, wie sie Geh. Rath Dr. Mayer in Berlin angewendet.

Vermittelst einer eisernen Klammer wird die Douche am
Tisch, Stuhl oder Bett befestigt, der umsponnene Gummischlauch
saugt die einzuspritzende Flüssigkeit ein und wird in die untere
Oeffnung des Instrumentes eingeschraubt und der besponnene
Schlauch wird in die Oberöffnung eingeschraubt. Sollte nach

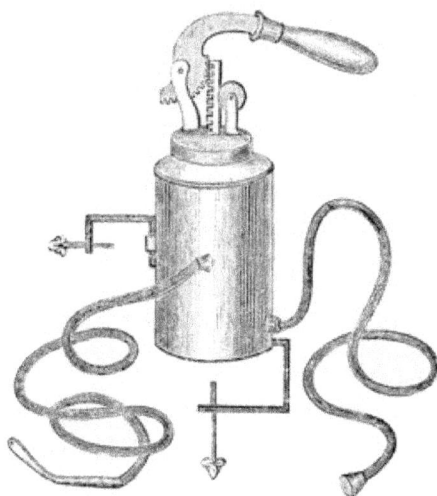

längerem Gebrauch der Stempel sehr schwer sich bewegen las-
sen, so giesse man oben bei der Zahnstange etwas feines Oel
hinein. Wenn der Stempel zu lose geht, so giesst man etwas
Wasser hinein, damit sich der Stempel erweicht und anquillt.
Der graue Schlauch ist der Saugeschlauch, er wird mit einem
Ende an die untere Oeffnung (b) geschraubt und mit den anderen in den Behälter gelegt, welcher die Flüssigkeit enthält.
Der schwarze Schlauch (c) ist der Spritzschlauch, aus welchem
die eingesaugte Flüssigkeit herausspritzt, er wird an die obere
Oeffnung (d) geschraubt. An diese stecke man, wenn der Ap-
parat als Uterusdouche dienen soll, das gebogene Rohr mit den

4 *

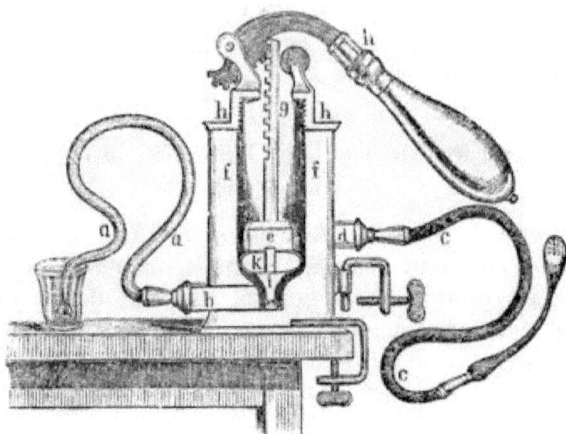

kleinen Oeffnungen; soll der Apparat aber als Clystierapparat dienen, dann wird die kleine gerade Spitze an den Spritzschlauch gesteckt.

Wenn nach längerem Gebrauch der Stempel (e) sehr schwer geht oder sich im Cylinder (f) reibt, so lasse man oben bei der Zahnstange (g) einige Tropfen feines Oel hineinlaufen. Sollte er dagegen nach längerem Nichtgebrauch zu lose gehen, so dass er nicht saugen will, so giesse man oben bei der Zahnstange (g) etwas Wasser hinein und lasse dieses einige Stunden darin, damit der Lederstempel (e) erweicht wird. Wenn auch dies nicht hilft, so schraube man den ganzen Obertheil (h) ab und ziehe den Stempel (e) heraus, alsdann biegt man das Leder desselben etwas ab, mache ein wenig feines Oel daran, reinige den Cylinder (f) und überzeuge sich ob das Ventil lose ist, dadurch, dass sich der Stift, welchen man unten im Cylinder (f) deutlich mit dem Finger fühlen kann, leicht hin und her bewegen lässt. Sollte dieser jedoch festsitzen und sich mit dem Finger nicht bewegen lassen, so nehme man einen Zirkel, schraube die durchsichtige Platte (k) heraus und reinige das Ventil (i). Sind Thee oder ätzende Flüssigkeiten eingespritzt worden, so muss gleich nachher die Pumpe mit reinem Wasser gereinigt werden.

Auf diese einfache Weise kann sich ein Jeder die Douche in brauchbarem Stande erhalten.

Dieser Apparat ist, wie schon aus der Zeichnung ersicht-

lich, complicirter als der Braun'sche (siehe diesen Seite 41)
hat jedoch dessen Vortheile nicht, und ist daher weniger zu empfehlen.

Der Doucheapparat von Blot und Matthieu[1]),

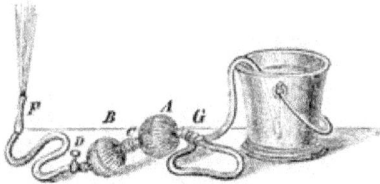

aus Gummiblasen, besteht aus Folgendem: Im Verlaufe eines Rohres aus vulkani-sirtem Kautschuk befinden sich zwei faustgrosse Gum-miblasen, vor der ersten Blase (A) ist ein Ventil in einem Absatze von Horn, ein anderes Ventil (C) ist zwischen beiden Blasen angebracht und öffnet sich gegen die zweite Blase (B) hin. Das Ende des Schlauches ist mit einem zinner-nen Endrohr (F) versehen, wird in ein beliebiges mit Wasser gefülltes Gefäss (E) eingelegt, während das andere in die Ca-nüle ausgehende Ende beim Gebrauche in die Vagina gebracht wird. Hinter der zweiten Blase findet sich ein übrigens nicht nothwendiger Hahn (D), um den Wasserstrahl nach Belieben unterbrechen zu können. Um den Apparat wirken zu lassen, öffnet man den Hahn und comprimirt die erste Blase, welche wegen der Elastizität ihrer steifen, derben Wandungen ihre frühere Form wieder annimmt. Auf diese Weise erzeugt man zwischen dem mittleren Ventil und der ersten Blase einen lee-ren Raum, der sogleich von dem aus dem Gefässe strömenden Wasser angefüllt wird. Man wiederholt das Drücken so oft, bis der Raum der ersten Blase mit Wasser angefüllt ist. Dadurch füllt sich dann die zweite Blase und das Wasser spritzt am an-dern Ende hervor. Um die Wirkung der als Windkessel wir-kenden zweiten Blase zu erhöhen, ist es passend, bei den ersten Compressionen der ersten Blase den Hahn kurze Zeit geschlos-sen zu halten oder das Endrohr zusammenzupressen.

Hydroclyse mit Federkolben.

Ein Cylinder, welcher aus zwei Theilen besteht, von de-nen der Untertheil, welcher etwas weiter als der Obertheil ist,

---

1) Blot: Gaz. des hôp. 1855 Nr. 61.

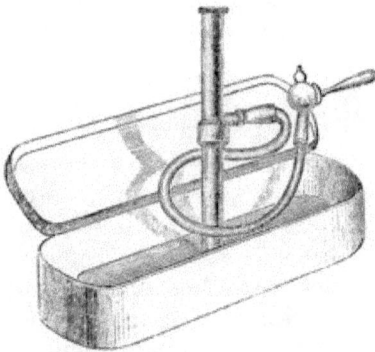

mit letzterem durch einen
Zwischenring zusammen ge-
schraubt ist; an dem Ober-
theile befindet sich die Kolbenstange, mit diesem fest
verbunden in der Gestalt
eines etwas schwächeren Cylinders, welcher eine durch
diesen wie auch durch den
unteren dickeren Metallkol-
ben hindurch gehende Oeffnung hat. In dessen Mitte
befindet sich ein Kugelventil, welches, wenn sich der Kolben in
dem Untertheile des Cylinders auf und nieder bewegt, sich beim
Eindringen der Flüssigkeit hebt; sobald aber der Niederstoss
stattfindet, schliesst sich dieses und ein zweites Kugelventil, am
Ausgangsrohr des oberen Cylindertheiles öffnet sich und lässt
die Flüssigkeit durch den angeschraubten Schlauch entweichen.
Dieser Cylinder wird durch eine in dem Untertheile desselben
liegenden Spiralfeder dergestalt handlicher gemacht, dass diese
Feder, wenn der Kolben niedergedrückt wird, ihn allemal wieder
in die Höhe hebt. Das Ganze wird in ein Blechkästchen gegeben, oder kann auch beliebig in jedes Gefäss gestellt werden.
Ein Vortheil dieses Instrumentes ist, dass der Kolben von Metall ist, und dass dasselbe in Folge der eben beschriebenen Anord-
nung in ununterbrochenem Strahle die Flüssigkeit von sich gibt.

Hebel Clysopompe.

In einem viereckigen
Blechkasten ist ein kleiner
circa 6" langer Hebel am
obern Rande angeschraubt;
am Boden des Blechkastens
befindet sich ein kurzer circa
1" hoher Cylinder, welcher
unten geschlossen ist und
nur seitlich unter dem Boden des Blechkästchens einen Canal nach einem in

der Mitte des Kastens befindlichen Standrohr hat. In dem Cylinder bewegt sich ein Kolben, welcher in $^2/_3$ seiner Breite am unteren Theile ein Ventil hat, welches sich nur nach unten öffnet. Der Kolben ist mit dem Hebel durch eine Kolbenstange beweglich verbunden. — Auf das oben erwähnte Standrohr wird ein zweites circa 2'' langes Metallrohr aufgesteckt, welches seitlich ein Abgangsrohr hat, an welchem der Injectionsschlauch angebracht wird; nach oben hat dasselbe eine metallene Windkugel (Luftkugel). Wird das Gefäss voll Wasser gefüllt und der Hebel gehoben, so öffnet sich das Ventil in dem Kolben und drückt das Wasser in die Windkugel; die daselbst befindliche Luft wird comprimirt und dann drückt dieselbe durch ihre Ausdehnung, während der Kolben gehoben wird, auf die Wassersäule und stellt sodann den continuirlichen Strahl her.

Reise-Clysoir.

Eine kleine Metallpfanne ist mit einer Gummikapsel überspannt; an der Pfanne ist ein Saugrohr, welches nach Unten geht, zugleich wieder ein Standrohr mit Windkugel, welche über die Pfanne hinwegragt; an dem Standrohre ist ein Injektionsschlauch angebracht, in dem Saugrohre ein Ventil. Ist das Saugrohr in das Wassergefäss gestellt und drückt man mit dem Finger auf die Gummikapsel, so wird in der Pfanne ein luftleerer Raum gebildet; beim Nachlassen des Fingerdruckes hebt sich die Gummikapsel und zieht das Wasser in die Pfanne; der nächste Fingerdruck treibt das Wasser in die Windkugel und so erfolgt die Entladung wie bei dem vorigen. Das Instrument ist in einer circa 4'' Diameter haltende Schachtel aus Blech, welche zugleich zum Wassergefäss dient.

Clysopompe.

Vorstehende Zeichnung gibt die Ansicht einer drehbaren Clysopompe, es ist zur Selbstbedienung bei Lavements der bequemste und dauerhafteste Appa-

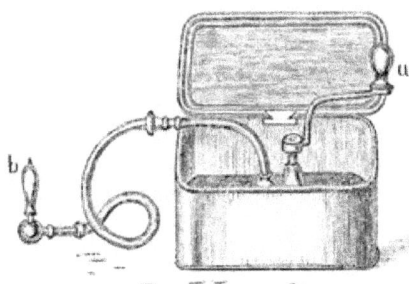

rat; wird dasselbe reinlich gehalten, so kann nach langer Zeit erst einmal ein neues Gummirohr erforderlich werden; die Zersetzung desselben geschieht in der Regel dadurch, dass Lavements von Seife oder Oel gegeben werden, ohne dass nachher der ganze Apparat durch Durchspritzen von warmem Wasser gereinigt wird. (a) Dreher, (b) Canüle.

Zu den Apparaten mit unterbrochenem Strahle muss noch erwähnt werden:

Die Saug- und Pump-Spritze.

Sie ist aus vulkanisirtem Kautschuk erzeugt, besteht aus einem mit zwei Ventilkugeln versehenen hohlen Ballen a von welchem zwei Gummischläuche in entgegengesetzter Richtung auslaufen, deren einer c an seinem Ende mit dem Mutterrohre b der andere d mit dem metallenen Sauger e in Verbindung ist.

Wird nun das Schlauchende e in die Flüssigkeit gesenkt und der elastische Ballen a mit der Hand fest zusammengedrückt, so saugt er die Flüssigkeit in sich auf, die dann, wie der Ballen wiederholt zusammengedrückt wird, durch das Rohr b ausfliesst. Der Strahl ist sehr schwach.

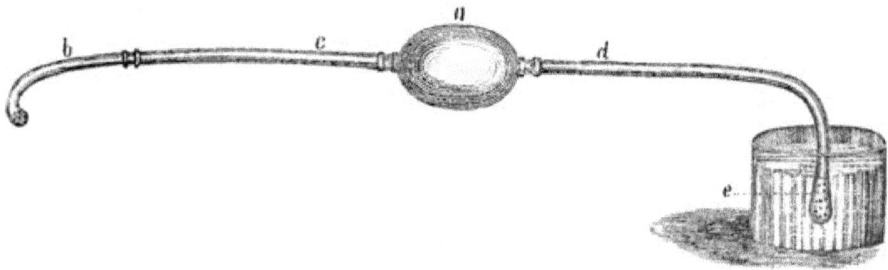

www.ingramcontent.com/pod-product-compliance
Lightning Source LLC
Chambersburg PA
CBHW022012190326
41519CB00010B/1485